品味青磚茶

陳宗懋书

冯晓光　主编

中国农业出版社
北　京

图书在版编目（CIP）数据

品味青砖茶 / 冯晓光主编. — 北京：中国农业出版社, 2019.9
ISBN 978 – 7 – 109 – 25830 – 3

Ⅰ. ①品… Ⅱ. ①冯… Ⅲ. ①茶叶 — 介绍 — 赤壁市 Ⅳ. ①TS272.5

中国版本图书馆CIP数据核字（2019）第183221号

品味青砖茶
PINWEI QINGZHUANCHA

中国农业出版社出版
地址：北京市朝阳区麦子店街18号楼
邮编：100125
责任编辑：陈 瑁
版式设计：水长流文化　　责任校对：巴洪菊
印刷：北京通州皇家印刷厂印刷
版次：2019年9月第1版
印次：2019年9月北京第1次印刷
发行：新华书店北京发行所
开本：700mm × 1000mm　1/16
印张：12.5
字数：220千字
定价：78.00元

《品味青砖茶》编辑委员会

茶界名家话青砖

周国富

中国是茶叶的故乡，也是世界茶文化的发祥地。湖北赤壁青砖茶与云南普洱茶和湖南黑茶被誉为“中国黑茶三宝”。始于17世纪的万里茶道，不仅是亚欧国家互通有无的商贸大道，更是促进亚欧各国友好往来、沟通东西方文化的友谊之路。青砖茶，早已成为万里茶道上共建和平、合作、有益的重要纽带。

2013年，习近平总书记提出共同建设丝绸之路经济带和21世纪海上丝绸之路（以下简称“一带一路”）的伟大构想。“一带一路”国际合作发展传承和升华了古老的丝绸之路精神，充分体现了和平、交流、包容、合作、共赢的时代精神。在新的历史时期，赤壁青砖茶应当传承创新、开拓进取，积极融入“一带一路”，努力走好“一带一路”，以茶为媒，积极推动沿线国家和世界人民和平发展、共同繁荣，为复兴中华茶文化、振兴中国茶产业、再创茶业强国辉煌做出应有的贡献。

—— 中国国际茶文化研究会会长

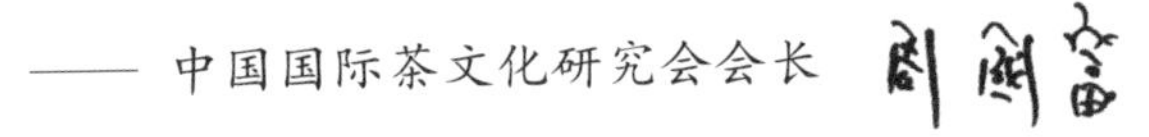

陈宗懋

赤壁的砖茶应该说历史很悠久了，而且我很早就知道这个地方，因为在200多年前，羊楼洞的茶叶就做成了砖茶，向俄罗斯和蒙古国出口。过去我们羊楼洞的砖茶主要销往少数民族地区，国内有新疆、西藏、内蒙古、甘肃、宁夏，主要是因为他们吃牛羊肉比较多，所以有一句话：“不可一日无茶”。这个茶喝下去可以减脂肪，可以降血脂。

—— 中国工程院院士 陳宗懋

王庆

茶叶对于高纬度地区、寒冷地区的人们来讲，那是生活的必需品。这些地方饮食结构中更多的是肉类，它缺少人类必需的维生素，茶叶能帮助补充人体需要的维生素和各种营养成分。所以，在十月革命之前，应该讲在整个蒙古地区，包括俄罗斯，都是青砖茶的主销区，大家非常喜爱。“宁可三日无粮，不可一日无茶”，如果没有青砖茶，生活质量就不能保证。

——中国茶叶流通协会会长 

蔡军

赤壁青砖茶历史悠久，具有深厚的文化底蕴，不仅是茶马互市、以茶抚边的重要茶类，还曾出口俄罗斯、蒙古国等多个欧亚国家，见证了万里茶道上的中外贸易和商业文明，承载着中华民族的团结和友谊。

2015年11月，国际茶业大会在湖北省赤壁市成功举办，充分展示了中俄万里茶道重要起点形象。赤壁青砖茶借这次国际大会走向世界，抢占了对接“一带一路”倡议的新领地，其公共品牌影响力不断扩大，成了国际茶界一张靓丽的名片。

——中国食品土畜进出口商会茶叶分会秘书长 

让“赤壁青砖茶”公共品牌享誉全球

湖南农业大学教授、中国茶叶学会副理事长

● 刘仲华

湖北的南大门赤壁市，是一个神奇的地方，它不仅是享誉中外的三国时期古战场，也是万里茶道源头之一。在这片风景秀丽的土地上，有一种神奇的物产，却天然地属于几千里之外的蒙古草原，以及欧亚的土地；属于那些在酷寒与干热中纵马驰骋举杯豪饮的人们。而这种神奇的物产，就是青砖茶。

赤壁，是著名的老青茶产区，是青砖茶的发源地和原产地。

神州多瑰宝，处处有佳茗。在人们的日常生产生活中，他们有的以茶为生，有的以茶为食，还有的以茶为药。青砖茶是我国黑茶家族的重要成员之一，以老青茶为原料，经发酵、筛分、压制、干燥制成。外形为长方砖形，色泽青褐，汤色红黄，浓酽馨香，滋味醇正，回甘隽永。青砖茶不仅可以有效地促进人体脂肪分解，而且可以促进消化，部分补充游牧民族所缺少的果蔬营养成分。青砖茶以其独特的、不可替代的作用和功效，成为西北草原地区各族人民的生活必需品，被誉为“生命之茶”。200多年来，青砖茶走出了云雾笼罩的大山，走出了赤壁羊楼洞古镇，沿着茶叶之路跨越江河、草原、沙漠和冻土，以茶为情，香飘欧亚，滋润了居住在不同自然环境中的人们，融入各地的生活习俗和共同的记忆中。由于人们对茶叶的长期渴求，促使勤劳智慧的商人们开辟了这条长一万多千米、横贯欧亚大陆的茶叶贸易路线。“赤壁青砖茶”也成了中外文化、经济交流的一张重要名片。

2015年，受赤壁市政府委托，由我牵头在国家植物功能成分利用工程技术研究中心、国家教育部茶学重点实验室、北京大学衰老医学研究中心和国家中医药管理局亚健康干预实验室，启动了青砖茶保健功能研究计划。我们研究团队以赤壁青砖茶为研究材料，从现代科学角度揭示了青砖茶的保健养生功效及其作用机理。我们研究发现，赤壁青砖茶不仅具有显著的抗辐射、降血脂、降血糖、调理肠胃、减肥等作用，还有抵御和修复过量饮酒引起的酒精性肝损伤、降低尿酸水平、预防和改善痛风等作用。

优越的自然禀赋，深厚的历史积淀，造就了赤壁青砖茶的高贵品质，延续着羊楼洞文化的千年醇香。赤壁市先后被中国茶叶流通协会命名为“中国青砖茶之乡”，被国际茶叶委员会授予“万里茶道源头”。千年茶镇羊楼洞，还被国际茶叶委员会授予“世界茶业第一古镇”。特别是“赤壁青砖茶”公共品牌，被评为中国驰名商标。

近几年来，我也一直关注着赤壁青砖茶，关注着赤壁茶产业的复兴。从绿色、生态、有机栽培，到清洁化、机械化、自动化、标准化加工；从单一的传统紧压产品，到方便化、功能化、高档化、时尚化的产品多元化创新。令人欣慰的是，广大赤壁茶人正以传承、弘扬青砖茶文化为担当，用满腔的热情擦亮百年品牌，围绕做大、做强、做优茶产业，不断焕发出新活力和生机。

品味青砖茶，品的是一种文化，一种健康的生活方式。我充分相信，随着《品味青砖茶》的出版，赤壁青砖茶一定会厚积薄发，历久弥香。祝福赤壁，祝愿“赤壁青砖茶”公共品牌享誉全球。

刘仲华

传奇的羊楼洞，神奇的青砖茶

全国政协委员

● 周秉建

2016年5月底，我第一次来到湖北省赤壁市，也是我第一次近距离感受湘鄂交界处的这个羊楼洞小镇。

小镇并不大，只是一个四面环山的弹丸之地；石板街也不长，遗存的街巷还不到一千米。但是，小镇的底蕴和古朴，却深深停留在我的记忆里。羊楼洞不仅是“中国青砖茶之乡”和“中国米砖茶之乡”，更是被国际茶叶委员会命名为“世界茶业第一古镇”。这里自唐太和年间皇诏普种山茶，就开始大规模培植、加工茶叶。六世纪，这里的茶叶就随着商人的驼队，沿“丝茶之路”传入中亚。宋代曾一度以砖茶作为通用货币与蒙古地区进行茶马交易。明清之际，“丝绸之路”完全变成了“砖茶之路”。各国商队源源不断地将中国砖茶输往中亚、欧洲各个国家。制茶业的不断发展，羊楼洞集镇随之而兴。极盛时，有晋、徽、粤、湘、赣、鄂等“六帮茶商”，开设茶庄200余家，人口近4万人。古镇有5条主要街道，几百家商旅店铺。羊楼洞青砖茶远销海外，为“两湖茶产制造中心”“鄂湘赣三省茶叶产销集散中心”“中国大茶市”，素有“小汉口”之称。

此前，我虽然不知道羊楼洞，但赤壁出产的砖茶却与我早有渊源。1968年8月，才16岁的我积极响应“知识青年上山下乡”号召，报名到内蒙古锡林郭勒盟牧区插队。行前，我去向伯伯周恩来和七妈邓颖超告别。他们十分高兴，伯伯叮嘱我，一定要注意和尊重那里的风俗习惯。插队后，我当了一名普通牧民，住进了蒙古包，学蒙古话，穿蒙古袍，干牧活，融入了牧民之中。从我进入内蒙古草原开始，有一种黑色而厚实的东西，成了我生活的必需品，那就是青砖茶。

在内蒙古草原，面粉、肉、砖茶是蒙古人不可缺少的三种食品，北方高寒，多以肉食。“以其腥肉之食，非茶不消，青稞之热，非茶不解”。青砖茶不仅可以有效地促进动物脂肪的分解，而且可以补充游牧民族所缺少的果蔬营养成分。为了消解牛羊肉之腥、均衡营养，蒙古族同胞每天将砖茶加入牛奶或羊奶中一起煮，制成奶茶饮用。而这种用来熬制奶茶的青砖茶，就是在湖北赤壁生产的。

1994年，我们夫妇调回北京工作。很多年过去了，尽管人在北京，但我们仍与内蒙古有着割舍不断的情感，就像当年住蒙古包一样，家中时常飘溢着羊肉和青砖茶的香味。退休后，我每年中的大部分时间都在内蒙古度过，喝着青砖奶茶，回忆美好青春，享受着天伦之乐。

这次，得知赤壁文化界、茶业界连珠合璧，共同推出《品味青砖茶》一书，甚感欣慰。受赤壁市茶文化学者冯晓光同志的邀请，特为该书的出版写几句话，以表祝贺。

传奇的羊楼洞，神奇的青砖茶。我愿在有生之年，延续着与赤壁青砖茶的杯中情怀。同时，我也对赤壁寄予厚望，祝愿赤壁早日实现“传承千年茶史、擦亮百年品牌、打造百亿产业、重铸百年辉煌”的良好愿景。

周秉建

（周恩来同志的侄女）

青磚茶源羊樓洞

台灣 范增平 書

中国台湾茶文化泰斗范增平题词

赤壁青砖茶
美里遐欧亚
欧阳勋题

湖北茶文化泰斗欧阳勋题词

目录

贰 青砖茶简史

叁 青砖茶之路

肆 青砖茶解密

伍 青砖茶复兴

陆 青砖茶赋咏

后记

壹 青砖茶源头

神奇的老青砖茶区

● 茶区中心羊楼洞

在湖北的东南部，幕阜山脉的皱褶里，掩藏着一个古色古香的小镇，它的名字叫羊楼洞。这是一个因茶而兴、因茶而名，也一度因茶而衰的古镇。在相当长的一段历史时期里，是一个以它的名字命名的茶区的中心。

乾隆版《蒲圻[①]县志》卷二“山川志”记载：“羊楼洞，距县六十里[②]，群峰岝崿，众壑奔流，其东有石人泉，其西有莲花洞，洞下有莲花寺，出洞口为港口驿。”

关于羊楼洞的由来，传说有很多，古人对羊楼洞的介绍也并不鲜见。相传古代有一对青年男女，在山谷的开阔处搭了一座竹楼，楼上住人，楼下养羊，于是，人们就把这个地方称为羊楼洞。还相传元朝初年，朝廷向南方推广养羊技术，在湘鄂边陲建立竹牌楼，设司管理，但是这个说法，目前没找到任何的依据。

1936年《史地社会论文摘要月刊》［第2卷，第5期］刊登的《湖北羊楼洞区之茶业》（陈启华著）一文中有关于羊楼洞由来的记载：“羊楼洞位于湖北蒲圻县南部，四面多山，其形如洞，相传昔有牧者建楼饲羊于此，因而得名。”这种解释，应该算是比较靠谱，现在当地很多老人也有类似的说法。

---

① 蒲圻为今赤壁市原名。

② 1 里＝500 米。

松峰山

古镇南边的群山当中，有一座并不算很高的山，被称作松峰山。从松峰山和马鞍山之间的峡谷中，流出一道小溪，溪水出峡谷后，被称作“松峰港”，蜿蜒曲折地贯穿整个古镇。

一条弯弯曲曲的马路，顺山谷与古镇擦肩而过。有了汽车之后，当年鸡公车进出古镇的通道，便大多被废弃，只剩下汽车进出的这条唯一通道。

古镇气候宜人，风景优美，物产丰富，人们生活富足而安逸。都说是因为羊楼洞的水好，这里不仅盛产优质茶叶，还盛产美女和诗人。这里的美女，即便是成年后，仍然有着婴儿般粉嫩的肌肤，说话宛转悠扬，如唱歌一般好听，中国当代极具代表性的乡土抒情诗人饶庆年就出生在这里。2008年中央电视台的《新年新诗会》，开篇由著名主持人杨柳和方琼朗诵的诗篇，便是饶庆年的《山雀子噪醒的江南》，这首诗听哭过无数人，也听醉过无数人。当代还有一位蒲圻籍的著名诗人叶文福，20世纪60年代曾在羊楼镇上的蒲圻师范学校读书，毕业后在蒲圻师范附小教书。当地人都以出生在羊楼洞为荣，并骄傲地把这个地方称作“洞天福地”。

走在羊楼洞古街上，透过那些陈旧的木板门、破落的庭院、布满蜘蛛网的雕花窗户，仍然可以窥见当年的繁盛和富足。

● 古镇春秋

羊楼洞古镇，与其说是建在石板街上，倒不如说是建在石墩上。早年，古镇许多人家的门口及一些倒塌房屋的地基上，都可以见到许多形态各异的石墩。后来，被有心人收走了不少。如今，古街上还可以零零星星地见到一些，有的摆放在家门口，有的在吊脚楼的立柱下，有的则砌在墙角上。

古代，羊楼洞建房十分讲究，其中的一个讲究就是用石雕。建房用的石雕，有石门框、石门槛、石窗户、石狮子和石墩等。其中，数量最多的便是石墩。

羊楼洞潮湿多雨，为了防潮防腐，在支撑房梁的木立柱下，都要垫上这样的石头墩子。一座房子，可能只有一副石门框和石门槛，但一定会有多个石墩。

有一位有心人，曾经收集了好多古镇及周边地区的石墩、石门框、石门槛和石窗户等石雕，打算在古镇建一座“古石园”。后来，他觉得把这些古

代石雕都集中摆放在一起，也没什么意思，不如把它们都安放在古建筑适当的位置上。于是，这些石雕与“洞天福地”里的那些建筑都融为了一体。透过那些石墩，走在古镇的街道上，或者读到有关羊楼洞当年盛况的记载，可以看到古镇昔日的辉煌。

狭窄的街道上，曾经有过200多家茶庄。一个弹丸之地，曾经同时居住了4万多人。当年，这样一个偏僻的小山村，既不靠近古驿道，也不靠近潘河水道的地方，却成为一个地跨三省的茶区的中心。历史上，许多中外客商都曾经在羊楼洞开办过茶庄，他们在羊楼洞书写了一页页传奇的篇章。

● 茶叶贸易集散与制造中心

羊楼洞茶区从来就不是一个行政区划，而是一个经济地理范畴，是一个以羊楼洞为圆心的茶叶栽培、加工、贸易区域，地跨鄂湘赣三省，包括鄂南的赤壁、咸宁、崇阳、通山、通城、嘉鱼，湘北的临湘、平江和赣西北的修水等茶叶主产地。咸丰五年（1855），清政府在羊楼洞设立厘金专局，在周边产茶县镇设有柏墩、通山、崇阳、岛口、杨芳林五局，并在马桥、新店、富有、虾蟆岭、沙坪等运销节点上设有五个分卡，后来又在沿江地区添设了富池口、金口、武泰闸、宝塔洲、樊口五个税卡。整个羊楼洞茶区所产的茶，皆称“洞茶”，出产的砖茶砖面上也都印有“洞庄”二字。1939年《贸易半月刊》[第1卷]《羊楼洞砖茶之制造与运销》（陈国汉著）记载：“羊楼洞之茶，系指鄂南蒲圻、崇阳、通山、通城、咸宁等县及湘北临湘一带所产之茶而言。羊楼洞初不过蒲圻县属之一小镇，东与崇阳、通山为邻，南距通城不及百里，西接湖南临湘，而地处中枢，制茶又早，顾历为制茶中心。且以该地所产茶叶品质最佳，临近各地之茶，虽品质较逊，且不在羊楼洞制造，然亦假借其名，以广招徕，积沿迄今，因以成名。”正是由于羊楼洞周边三省十多个茶镇，构成了明清时期全国最大的农村商贸特区和国内外著名的茶叶贸易集散与制造中心。

湖北羊樓峒區之茶業

陳啓華

一、引言

羊樓峒位於湖北蒲圻縣南部，四面多山，其形如洞，相傳昔有牧者建樓飼羊於此，因而得名。該地土壤爲黃色砂質，壤土以氣候温和，宜於植茶，故產茶頗盛。且該地四界，東之崇陽、通山，西之臨湘，南之通城，北之趙李橋，均係產茶區域，而相距不過數十里，交通亦稱便利。其所產茶葉爲「靑老茶」即製造靑磚之原料也。茶商於此多設莊，收買毛茶，加工精製；或設廠製造磚茶，故又爲崇陽、通山、通城、蒲圻、臨湘等縣茶葉之聚散市場。本區內尙有臨湘蒲圻邊境之羊樓司，及臨湘縣屬之聶家市二處，亦有茶商設莊製造者。惟羊樓司所產，多爲茶磚之「二面」，及「裏茶」，其品質次於羊樓峒。聶家市所產，多爲「裏茶」，其品質又次於羊樓司。査羊樓峒民國二十二年製茶數量：磚茶約有二萬餘箱，(每箱九十斤)「靑老茶」約有十五萬担。

二、生產之情形

1.產地之分佈

甲、羊樓峒主要產地：茶菴嶺、楓樹嶺、趙李橋、硐子鋪、朱林坳、十字坳、芙蓉山、柳林鋪、王家山、得勝山、牌山冲、官堰口、馬鞍山、白花嶺、羅家園、魚形地、蝦公嶺、團山、仲旗山、雷家橋、車埠、新店、斗門橋、洪山、小峽山、黃峯山、鳳凰山、小壺嶺、紫金山、分水坳、潘家壠、蘇家堰、北山等處。

乙、羊樓司主要產地：官石、下東、水田、萬善、中立、尖山、黃泥、山荆等處。

丙、聶家市主要產地：荆竹、欄橋、豆莊、羅橋、松泊、南溪、王士、善俗爬兒、五里牌等處。

2.茶之栽培方法

該區植茶方法計有二種：一爲直播，一爲移植。直播者卽於㢧曆冬月在已整理之土地上，先行開溝，行距四五

羊楼洞茶区，是老青茶的原产地。而老青茶，却是压制青砖茶的原料。这里气候温和，雨量充沛，有发展茶叶生产的良好条件。在茶叶的生产贸易史上，中国生产外销茶叶的主要茶区，一般都在北纬23°～31°，最佳产区在北纬27°～31°。而羊楼洞茶区，正好处在北纬29°～30°线上，属于茶叶最佳产区。

翻开尘封的历史，许多当年的报刊书籍，都记录了羊楼洞当年的盛况。1936年《农友月刊》[第8期]，有一篇文章这样描绘过羊楼洞：“全镇街道，以青石铺成，尚属清洁，惟狭窄过甚。沟中溪水，清澈见底，潺潺之声，不绝于耳，颇饶诗韵。全镇烟囱林立，颇具大观”，“羊楼洞之茶，为鄂省之

冠，茶之产量，每岁统计青红茶及老茶约6万担[①]”。

1936年《首都国货导报》［第30期］刊登的《工商调查：鄂省蒲圻县羊楼洞茶业概况》记载：“羊楼洞位居鄂南蒲圻南境，四周皆山，土质利于植茶，为全鄂之冠，故特负盛名……”

《湖北羊楼洞区之茶业》这篇文章里，介绍得最多的还是羊楼洞的茶产地位：“该地土壤为黄色砂质，壤土以气候温和，宜于植茶，故产茶颇盛。且该地四界，东之崇阳、通山，西之临湘，南之通城，北之赵李桥，均系产茶区域，而相距不过数十里，交通亦称便利。其所产茶叶为‘青老茶’即制造青砖之原料也。”

1939年《茶讯》[第3期]登载的一篇文章《砖茶贸易今昔谈》（王先环著），也说到砖茶的历史。据记载：“宋时的茶马政策，就是以中土的茶，换塞外的马，当时所称的茶，便是砖茶，其产地多在长江流域。近代的青砖茶以鄂南崇阳、通山、蒲圻及湘北的临湘等县之老青茶为原料，多集中在羊楼洞制造。”

1937年《中国农民银行月刊》[第2卷，第2期]刊登的《实业部决定改良湘鄂茶产》一文中提到了羊楼洞由红茶和绿茶基地转化为砖茶原料中心的地位：“老青茶区域，计崇阳、通山、蒲圻、通城等县，过去该区曾产大量二五箱茶，现已绝迹，目前以羊楼洞方面所产老青茶，最负盛名，为砖茶原料之中心。”

据《武汉史志》记载：“砖茶贸易在武汉地区近代茶叶贸易史上占据着重要的一页。青砖茶主要产于湖北蒲圻的羊楼洞，历史悠久。明代中叶，羊楼洞青砖茶的制作已经相当发达。”

（唐小平　冯晓光）

---

①1担＝50千克。

羊楼古镇

茶之先民：古瑶传奇

应该说，是历朝茶马互市政策和无所不能的晋商茶帮，成就了羊楼洞世界茶业第一古镇和万里茶道源头的重要地位。但这都必须有一个前提，那就是除非这个地方有更早的种茶历史，还要有大量已经开垦的茶园，朝廷才会有重视茶叶贸易的基础，晋商才会有茶通天下的施展平台。那是谁最早开辟了羊楼洞茶区的这片茶园呢？他其实不是本土的茶庄商号，也不是外来的晋商，而是很早以前龙窖山区的主人——古瑶民。羊楼洞茶区后来的辉煌，与古瑶民族有着莫大的关系。

龙窖山及周边临湘、赤壁、通城、崇阳很多地区，是古瑶文化的发源地。目前尚存有石屋、石寨、石桥、石庙、石祭台和令人叹为观止的垒石梯田。位于临湘羊楼司境内幸福村的瑶族先民堆石文化遗址，已经成为全国重点文物保护单位。除了龙窖山，在赤壁的马家岘、佤瑶山、大竹山、青峰岭、仙人洞等深山腹地，不仅有古瑶文化遗存，还有成片的古茶树，这些遗迹显示，瑶族先民曾在此开荒种茶，繁衍生息。

羊楼洞自隋唐起已是茶叶的重要产地。五代十国后蜀毛文锡著的《茶谱》记载：“鄂州之东山、蒲圻、唐年县，皆产茶，黑色如韭叶，极软，治头疼。”宋朝地理志书《太平寰宇记》记载：“鄂州蒲圻、唐年诸县，其民……唯以种茶为业。”这充分证明，唐宋时期羊楼洞有大量的茶园。也有史志记载，元代之前，龙窖山及周边山区为汉瑶杂居地，后因战乱，瑶民渐入湖南、贵州、广西等南方地区。

三苗，中国传说中黄帝至尧舜禹时代的古族名，又称“苗民”“有苗”。梁启超认为，“三苗”的苗就是蛮，系一音之转，尧舜时称“三苗”，春秋时称“蛮”。当禹的夏部落联盟跨入奴隶社会时，三苗已有“君子”“小人”之分，开始有了阶级分化。

“三苗”主要分布在洞庭湖和鄱阳湖之间。《战国策·魏策》云：“昔者三苗之居，左彭蠡之波，右洞庭之水，文山在其南，衡山在其北。”《史

记·五帝本纪》记载："三苗在江淮、荆州数为乱。"唐·张守节《史记正义》记载："吴起云，'三苗之国，左洞庭而右彭蠡。'……以天子在北，故洞庭在西为左，彭蠡在东为右。今江州、鄂州、岳州，三苗之地也。"

有许多学者认为，湖南岳阳、湖北武昌及江西九江一带，多与今苗、瑶民族有渊源关系。地处鄂南的赤壁，正好位于具"三苗"居住区域的中心位置。根据湖北多处考古遗迹发现，"三苗"是长江中游地区新石器文化的主人。

羊楼洞，原名羊楼峒。峒，指山谷中的平地，多用于地名，是旧时对我国部分少数民族聚居地方的泛称，如苗族的苗峒、侗族的十峒、壮族的黄峒等。《盘王大歌》里的《十二姓瑶人游天下》是对古往今来瑶族迁徙史的全面记述，其中有一段唱道："瑶人出世武昌府，满目青山到处游。龙头山上耕种好，老少乐业世无忧。"有专家指出，唱词中的"龙头山"乃是龙窖山。羊楼洞茶区的核心区域与龙窖山区几乎重叠。无疑，这里就是古瑶族的发源地。

《盘王大歌》古籍

在龙窖山下通城境内的大坪乡内冲瑶族村，乡民们至今还保持着对瑶祖盘王的信仰，不吃狗肉，而且古建筑遗存上还有狗图腾的雕塑，在乡民们中流传的《拍打舞》也被列入了省级非物质文化遗产名录。那么内冲瑶族村的乡民是不是就是古瑶民的后裔呢？询问了内冲瑶族村负责瑶族文化展示厅讲解的一位女士，她告诉我们说："纵然因战乱造成瑶民大规模南迁，那留下少部分人也是有可能的。"当然，我还有一种猜测，就是当时因汉瑶混居一地，瑶族习俗在汉人中得以同化，而且不可避免的有汉瑶通婚现象，因此留下一些瑶人血统，这也是符合文化传承逻辑的。

2001年10月8日，中国（广西）瑶学会发布的《龙窖山千家峒认定意见书》写道："确认龙窖山千家峒是瑶族历史上早期的千家峒。" 2017年年底，中国民间文艺家协会正式命名咸宁市为"中国古瑶文化之乡"，羊楼洞、龙窖山等地正是"古瑶文化之乡"的核心区。包括羊楼洞在内的龙窖山

瑶民堆石文化遗址

区，方圆200平方千米，属幕阜山余脉，位于湘鄂接壤处。好山好水出好茶，老龙潭瀑布就是一曲灵动的好水。不仅风光秀丽，还集瑶文化、茶文化于一山，这就是龙窖山的魅力所在。

在龙窖山梅池村一棵千年古银杏树旁，隐藏着一条深壑的古茶道。向导袁铁坨说："从前，我们这里的茶叶就是从这条小路穿过马家洞，并运往羊楼洞加工成红茶和砖茶的。"原来整个龙窖山区的茶叶都是运往羊楼洞加工成砖茶，足以证明羊楼洞是整个茶区加工和集散的中心地位。

（冯晓光）

羊楼洞茶区文化遗存

● 观音泉

观音泉，位于松峰山与马鞍山之间的峡口上，是古代蒲圻48个名泉之一。无论是名气，还是水质，观音泉在48个名泉里，都是数一数二的。

观音泉清澈见底，味道甘甜。没有自来水的年代，观音泉是古镇居民重要的饮用水源，也是很多茶庄加工砖茶的水源。没有冰箱的年代，整个夏天，每天来观音泉打水的人，更是络绎不绝。

几乎每一个古镇上的人，都是喝观音泉的水长大的；几乎每一个到过羊楼洞的人，都要亲口尝一尝观音泉的水。无论走多远，也无论走多久，每一位羊楼洞人的心底，都会有割舍不断的观音泉情结。

据说，用观音泉的水造出来的砖茶，不仅味道好，而且分量重。关于观音泉的由来，有一个美好的传说：

有一年，羊楼洞一带久旱无雨，溪水断了流，泉水见了底，稻田里干得裂开了缝。

松峰山下，一位老农头顶烈日，翻山越岭，从几里之外马家洞的一个山洞里，用水桶往稻田里挑水，抢救快要被干死的禾苗。他的嗓子干得冒烟，都舍不得喝一口水。

这时，一位陌生的老婆婆，从对面走来。

老婆婆驼着背，衣衫褴褛，拄着拐杖，颤颤巍巍地走到他的跟前。

老婆婆吃力地说：“好心人，我实在太渴了，能给点水喝吗？”

“这……”老农迟疑了一下。

“给点水吧，我都快要干死了！”老婆婆恳求道。

老农没有再犹豫，歇下担子，从水桶里舀了一瓢水，递了过去。

老婆婆接过水瓢，一仰脖子全喝干了，说道：“谢谢好心人！我身无分文，无以为报。不过，我这里有一个瓶子，别看它里面是空的，你把它拿回去，找地方挖个坑埋下，也许会对你有好处。”说完，老婆婆便不见了。

观音泉

老农又惊又喜，立即回去将瓶子埋在了自家的门前。刚刚埋下去，“轰”的一声，一股泉水冲开泥土，喷涌而出，汇成了一条小溪，流进了一家又一家的稻田里。已经半干枯的禾苗，瞬间舒展了，变绿了。

人们奔走相告，从四面八方涌来，用手捧起甘甜的泉水，尽情地喝了个够。听完老农的讲述，人们这才醒悟过来，原来那个讨水喝的老婆婆就是观音老母。于是，人们就把这口泉称为“观音泉”。

圆通寺

古镇有条古街，叫庙场街。走完庙场街，就来到了松峰山下。离老远就可以看到一座气势恢宏的寺庙，它的名字称为圆通寺，也称为将军寺，占地约6 600平方米。

将军寺是为纪念唐朝著名将领雷万春而兴建的。雷万春是羊楼洞人，在

圆通寺（现貌）

唐朝安史之乱中，率部队坚守河南睢阳城，终因寡不敌众而壮烈献身。唐肃宗感其忠烈，敕封他为忠烈将军，并谕民间立庙祭祀。将军寺始建于唐太宗大历年间，后屡有兴废。

2004年6月16日，羊楼洞古文化开发领导小组与心觉法师共同发起，举行将军寺奠基仪式。当年年底，即建成将军殿，后陆续建成大雄宝殿、观音殿、天王殿、讲法堂和膳食堂等。

关于雷万春将军遗体还乡，民间有一个动人的传说：

雷万春将军战死之后，叛军为了炫耀战功，也为了捉拿被打散了的雷万春的部下，将雷万春的头颅砍下，挂在城门洞上示众。

雷万春有一位部下，名叫覃国良，蒲圻余家桥人。覃国良智勇双全，深得雷万春喜爱，将军待覃国良亲如儿子。为了报答雷万春的恩情，覃国良决定，晚上去把尸身偷回来。

那是一个月黑风高的夜晚，等到三更鼓敲过，覃国良悄悄摸到了城门边，手起刀落，6名看守应声倒地。在城门边，很快就找到了将军的尸身。无奈城门太高，一时无法取下将军的头颅。正在着急之时，突然有一只苍鹰凌空冲下，叼起将军的头颅，在覃国良的头顶上盘旋3圈后，向南边缓缓飞去。

覃国良突然醒悟过来，赶紧背起将军的尸身，紧跟着苍鹰，向前赶去。就这样，经过一个多月的艰难跋涉，终于抵达了将军的故乡。

松峰山下，覃国良刚一放下将军的尸身，苍鹰就将头颅放在将军的颈项处。苍鹰长鸣三声，冲天而去。

乡亲们用当地最隆重的礼仪，安葬了雷万春。

覃国良没有回自己的家乡余家桥，而是留在羊楼洞为雷万春守墓，直至终老。

古茶道上的车辙印记

要印证古镇曾经的辉煌，如果懒得去翻书，也懒得听古街上那些老人“讲古”，那么，就去看古街上的石头。这些石头，用看得见的文字和看不见的文字，记载了那段历史。

车辙印记

洞茶踏上万里茶道，第一个转运站，就是新店。

羊楼洞与新店的距离，大约15千米。洞茶运到新店，根据潘河水位的高低，分为“陆运＋水运”和“陆运”两种方式。

丰水季节，为了提高效率，节省运费，羊楼洞到新店一般选择先陆运再用小木船水运。

水运则根据潘河的水位情况，分别选择潘河上不同的码头。水位较高时，选择赵李桥以北约1千米处的张家嘴；水位一般时，选择赵李桥与枫树岭之间的马口湾。潘河上，是否曾经还有其他的码头，还有待考证。

枯水季节，潘河连小船也走不了，只能完全走陆路，陆路运输主要靠鸡公车。鸡公车组成的车队，浩浩荡荡，从羊楼洞主街后边的茶厂出发，穿过七里冲（一条七里路长的山谷），到达枫树岭。在枫树岭稍作歇息后，向北沿潘河水道，一直推到新店。

鸡公车运送茶包

鸡公车，手推独轮车的俗称。车头一个小木轮，中间一个大木轮，小木轮多数时候悬空，只在过沟坎时才会用到。行走时靠中间的大木轮承重，样子像公鸡，走起来时，车轮的轴心发出“吱吱呀呀”的响声，有点像鸡叫而被称为“鸡公车”。为便于运送茶包，将传统的鸡公车进行了改良，加高、加宽、加长了车身，取消了车头的小木轮。由于是独轮且窄，轮子上打了铁箍，车子走过，即使是石板也会留下很深的车辙，所以又称为“线车”。

车轮长年累月的推碾，地面的石板都渐渐地被碾出了槽子。当槽子碾得太深，行车感到不便时，车轮又改在槽子两旁没有碾过的平面上。时间久了，石板上便会出现第二条、第三条槽子。人们把石板翻过来使用，等到两面都碾成“川”字形槽，再换上新石板。

在古镇的岔街上，今天还可以看到石板上的这种车辙。其实，这只是其中极少的一部分。当年，进出羊楼洞的鸡公车道，尤其是七里冲的那条车道，连绵七里路上，都是这种印着车辙的石头。

关于洞茶著名品牌“川”字牌，有人曾经考证过有四种来历，这四种来历尚不包括碾在石板上的“川”字。石板上的“川”字，是否是“川”字牌的来源之一，还有待考证。

这些印着深深车辙的石头，无疑是羊楼洞作为万里茶道源头最好的见证。

（唐小平）

新店古镇

历史上的核心茶园

郭沫若先生主编的《中国历史地图集》显示：隋唐时期茶叶种植分布图中，蒲圻是茶叶的重要产地。道光版《蒲圻县志》记载："羊楼洞产茶。"民国《蒲圻县乡土志》载："茶为出口大宗，蒲邑四乡皆产之，而种植较盛、获利颇多者，厥惟南乡，以其近羊楼洞茶市也。"

羊楼洞附近森林改种茶园

1928年《湖北建设月刊》[第1卷，第1期]，刊登有朱文梁撰写的《调查蒲圻咸宁等县农林状况报告》，记载了本地人育苗种茶的详细过程："土人蓄苗系八月由山上采茶籽，即播入园内，翌年三四月芽出土，雨水后移植山上，合三四株作为一棵，三年后即可收效。"

《湖北羊楼洞区之茶业》记载了羊楼洞及周边羊楼司、聂家市的主要茶产地。羊楼洞主要产地有：茶庵岭、枫树岭、赵李桥、桐子铺、朱林坳、十字坳、芙蓉山、柳林铺、王家山、得胜山、牌山冲、官堰口、马鞍山、白花岭、罗家园、鱼形地、虾公岭、团山、伴旗山、雷家桥、车埠、新店、斗门桥、洪山、小峡山、黄峰山、凤凰山、小壶岭、紫金山、分水坳、潘家垄、苏家堰、北山等处。羊楼司主要产地有：官石、下东、水田、万善、中立、尖山、黄泥、山荆等处。聂家市主要产地有：荆竹、关桥、豆庄、罗桥、松泊、南溪、王土、善俗爬儿、五里牌等处。

与羊楼洞相邻的崇阳，茶叶种植虽然略逊于羊楼洞，但也曾在湖北有一定地位。历史上崇阳还发生过“拔茶植桑”的事件，应该说给当地茶叶发展造成了很大的负面影响。宋代陈师道《后山丛谈》记载：“张忠定公令崇阳，民以茶为业。公曰：‘茶利厚，官将取之，不若早自异也’。命拔茶而植桑，民以为苦。其后榷茶，他县皆失业，而崇阳之桑皆已成，其为绢而北者，岁百万匹矣。”

《湖北通史 · 明清卷》曰：“湖北武昌府蒲圻县，水多山多田少，土地肥沃，气候温和，适宜茶叶生长。”清道光版《蒲圻县志》载：“羊楼洞产茶。”《武昌郡志》载：“茗山在蒲圻县北十五里，产茶。”

《调查蒲圻咸宁等县农林状况报告》提出：“茶，蒲圻自清乾隆年间开始培养，其种类来自何方不详。”这个说法肯定有些误区。蒲圻，特别是羊楼洞茶区，自汉、唐就有大面积茶园。清乾隆年间，应该说是羊楼洞培育茶园的鼎盛时期。

乾隆版《蒲圻县志》卷二“山川志”记载：蒲圻杂植（经济作物）里，茶是摆在第一位。卷十三“风俗志”记载：“细民女红自县东南以西崇山峻岭，挖山采葛，树桑培茶。”卷三“田赋志”记载：“茶价正费共银四十六两三钱三分六毫（除丁）。”由此可见，以羊楼洞为代表的蒲圻东南山区，不仅在乾隆年间前早有人培育茶园，而且还产生了税收。

《调查蒲圻咸宁等县农林状况报告》记载了本地人育苗种茶的详细过程及存在的弊端：“土人蓄苗系八月由山上采茶籽，即播入园内，翌年三四月芽出土，雨水后移植山上，合三四株作为一棵，三年后即可收效，土人不问山斜度之急缓开垦植茶，只知茶利厚而速，而不知设法保持地力，久之定形

水曰暇陰□望夫山距縣三十里所生木葉盛夏□斷如剪相傳爲望夫婦人指爪
所指通志云有吳城山距縣四十里孫權嘗
石形似婦人築城其下城址現存百巖
距縣四十羣峯攢萃龍宮虎穴人跡不到之所癸
卯歲有濟宗大雲和尚開山建宇刻有八景曰方
丈洞錦屏石模月峯烟鎖溪雙羊樓洞距縣六十
乳泉問天臺雷雲坪唖仙洞里羣峯峥
嶸衆壑奔流其東有石人泉其西有蓮
花洞洞下有蓮花寺出洞口爲港口驛
縣治北
龍翔山宛委河岸拱衛縣治如屏如障其上有窪
樽石石方平五六尺許中一孔如甕玩適
者注酒其中杯斝而飲象太古窪樽白嶺山距縣
之意上刻有熙寧癸丑上巳等字五里
其下爲望山距縣六里通志云行將山距縣七里
霞落山與縣相望故名其下有洞
蒲圻縣志　卷之二　山川志　四

乾隆版《蒲圻县志》

成荒山。茶固为深根性之常绿润叶树，然不保持地力，发育终现不良，普通栽植过疏，并未作梯形以保土，茶树大小不一，良者仅十分之一二，空地太多，雨水击地表，土易为流失，茶树日渐衰退，茅草因以繁盛，遂有得不偿失之势，今经营者自然放弃。如羊楼洞附近各山，及马鞍山、邱家湾等处，茶树被茅草压迫变为荒地者，已有百分之二十，若长此因循，不惟影响于茶业，且日事开垦，林地茶苗遂侵占树与竹之地，终有全部变为荒山之虞。”

（冯晓光）

清末茶叶改良的试验田

贺寿慈是蒲圻县茶庵岭四屋贺家人，茶庵岭也是与羊楼洞相毗邻的主要茶区，因茶而得名。20世纪90年代初，蒲圻市史志办编辑李宗润、冯金平（均已故）在故宫博物院查阅清宫档案时，曾发现一份珍贵的奏折：清朝同治年间，工部尚书贺寿慈书面上奏，建议支持蒲圻开展茶业试点，以提高种茶、产茶效益。奏折上有同治皇帝和东、西两太后批示的“准”字。

贺寿慈关心家乡茶事，自然是合情合理。在这之后，湖广总督张之洞、学监张百熙、刑部主事萧文昭等重臣也多次上奏，建议“购地试种，购机制茶，设茶务学堂，以期推广”。

贺寿慈、张之洞、张百熙、萧文昭等的奏折引起了朝廷重视，据《福建农工商官报》记载：“宣统元年十二月十三日，农工商部奏就产茶省分设立茶务讲习所折，旨依议……”这个上奏议题，率先在羊楼洞得以实施。1909年，清政府在羊楼洞成立茶务讲习所；湖北在羊楼洞设立模范茶场，以培养人才，同时向民间推广茶叶优良品种。这两个机构当时在全国少有。

对这两个新组建的机构，湖北官府倾注了大量资源，特别是选派了一批农学专业的大学生担任要职。1911年《北洋官报》[第2719期]刊登的《札委模范茶园经理各员》记载：“湖北劝业道议定在羊楼洞设立模范茶园，并附设茶务研究所，禀奉批准在案，现在既已著手，亟应各分职守，以专责成当派高等农业学堂毕业生杨德芬充经理员，高等农业学堂毕业生余景德充制造科员，高等农业学堂毕业生根寿充调查科员，高等农业学堂毕业生于鸿逵充栽培科员，均兼理茶务讲习所事宜，月支薪水七十元，并开列条件如左：一、自宣统三年起四年以内不得辞职。二、职守以外不得复兼别项差使；有不得已事故旷职至一月以上时需请同事代理，其薪水与代理者平分之。以上办法现已实行矣。（录湖北官报）”

《湖北羊楼洞区之茶业》记载：“（羊楼洞茶业讲习所）系前清宣统元年，湖北劝业道所创办。当时招收学生共四十名，所长为八旗人。及辛亥鼎革时停办。”

民国时期老青茶试验场

《湖北羊楼洞区之茶业》还记载了该模范茶场屡次停办的过程：“民国元年奉农商部实业司，令更名为湖北茶业讲习所，先后招收学生四十余名，至卒业时，仅余廿余人，民国四年因经费困难，由该所所长某，呈准撤销，茶地交地方保管。民国八年实业厅派员恢复，改名湖北茶业试验场，系将嘉鱼农场及宝积庵农校一部分迁此者。民国十年又停办，民国十二年再恢复。民国十五年革命军入鄂，旋又停顿。民国十六年三次恢复，民国十八年又停办。民国十九年四次恢复，民国二十一年因水灾后政费缺乏，与外县各场，同时奉建设厅令停办，并令移交蒲圻县政府保管。现在看管者系该场前任职员游谷笙君，闻自开办以来，先后更换所长场长十余人。”

模范茶场场址也先后变更几次，“该场原设蒲圻县属羊楼峒之栗树嘴，民国元年延至柏树下，民国八年延至峒南芙蓉山附近之大屋游家，（距峒镇约里许）即今之场址也”。

模范茶场的固定资产、重要设施，《湖北羊楼洞区之茶业》也有记载：“该场极盛时期，占地有一百二十余亩[①]。现仅余公有茶地四十余亩，租赁民地五亩零，均在场后。每亩约需租金二元，其余多数租地，已于民国二十二

①1 亩 = 1/15 公顷。

羊樓峝茶業試驗場採摘老茶圖

羊樓峝茶業試驗場炒釜老茶圖

羊樓峝茶業試驗場揉捻老茶圖

羊樓峝茶業試驗場機械製茶圖

年退还民间。该场有房屋一幢，计十余间，系自民间租来者。内有二大间专供制茶之用，其余为办公室、宿舍，均系旧式建筑，年久失修，颇不适用。内设制茶室两间，办公室及宿舍十余间。制茶器具有炒茶锅三，揉茶床二，踹茶床一。此外尚陈列日本旧式揉捻机二部。”

羊楼洞模范茶场的设立，推动了湖北茶产试验和改良，极大地促进了鄂茶的对外贸易。1915年《国货月报》[第4期]刊登的《鄂茶改良进步之先兆》记载：“据最近之调查，如咸宁之马桥铺，通山之杨芳林，蒲圻之羊楼峒，崇阳之大小沙坪，以及阳新、宜都、通城长阳、鹤峰等县，俱能推陈出新，力谋进步，于种植之法，专事研究，……兹有茶商雷某，特由沪购来制茶机器二副，共值洋七百元，试用每一小时，可制茶百余斤①。较之工人，最称便利。……吾国茶业，或可日有进步也。”

1915年《中华实业界》[第2卷，第6期]刊登的《调查皖苏浙鄂茶务（陶企农）》记载：“湖北茶业研究所，所设羊楼洞，讲习所以经费无出，尚未开办。”这个湖北茶业研究所是什么机构，最后是否正常运转，却不得而知。

1920年《中国商业研究会月报·中国商业月报》[第12期]刊登有《组织模范茶场（蒲圻）》这一则消息，记载了民国八年、九年恢复模范茶场的一些细节：“蒲圻羊楼洞为鄂省产茶著名之区，惟于种植上，不知研究，以致日形退化，销路疲滞，刻闻农商部拟于该处设立模范种茶场（办法悉仿安徽祁门），以资劝导而促进改良，惟所需经费，现与鄂官厅接洽筹划云云。”

1925年《银行月刊》[第5卷，第7期]刊登的《中国茶业之研究》（赵竞南著）记载：“前清末年，政府令产茶各省设立茶务讲习所，研究种茶、施肥、采摘、烘焙、包装诸法。政府查明成绩卓著者予以奖励，兹述湖北、四川之茶务讲习所之沿革，以窥当时对于改良茶业之运动焉。湖北省茶务讲习所所属于湖北省实业司，以振兴茶业为务。民国二年得政府之许可，选派留

---

①1斤＝500克。

学生研究茶业。由该省财政厅支出临时费一千二百元。民国政府认为于全国茶叶产地有设立茶业试验场之必要，试培植各种茶，研究各国茶之栽培及制造方法。民国六年十一月，农商总长张国淦以教令公布茶业试验场章程，改称前之模范种茶场为茶业试验场焉。”

非常巧合的是，清代羊楼洞模范茶场的设立与蒲圻籍工部尚书贺寿慈有关，在民国八年恢复茶业试验场，竟与蒲圻籍的农商总长张国淦有关。

訓令

江西省政府訓令 文字第一六一二號

令建設廳

爲令飭事案准

湖北省政府咨據農礦廳呈稱據羊樓峒茶業試驗場長宋紹郊呈稱竊屬場奉令續辦百廢待舉而徵求種尤爲當務之急現值秋末冬初正茶種採摘適宜之候自應預爲徵集以備及時播種除國外茶種由屬場設法函購外擬請鈞廳令飭本省各屬各選茶種數種每種以五升爲限幷懇轉呈省政府咨請湘贛皖浙閩粵黔滇各省農礦廳或建設廳請煩精選佳良茶種二三種每種一升均請送由鈞廳令飭祇領以資試驗等情計呈賫徵集茶種表式一紙據此查該茶場徵集茶種以圖改良允爲挽救利源推廣銷路不易之法素稔各省不乏道地名產中外著稱倘得借資試驗以憑比較將來利源收益未可限量特卽翻印徵集茶種表式四十份呈請鈞府懇予轉咨產茶各省政府分別徵集選送職廳以憑飭領除由職廳分令本省各屬遵照辦理外理合具文連同徵集表呈請鑒核咨轉附呈徵集茶種表四十份等情據此除分行外相應檢同徵集表四份咨行貴省政府請煩查照轉飭選送幷希見復至紉公誼等由計送徵集茶種表四份准此除咨復外合行檢發原表令仰該廳卽便轉飭產茶各縣政府遵照辦理此令

江西省政府公報 第三六期 訓令 九五

茶业试验场征集种苗公文

1929年《江西省政府公报》[第36期]刊登了一篇公文《训令：江西省政府训令：文字第一六一二号（民国十八年十一月六日）：令建设厅：准湖北省政府咨据农矿厅呈请征集优茶种以资试验仰转饬产茶各县遵照由》，公文称：“湖北省政府咨据农矿厅，呈称据羊楼洞茶业试验场长宋绍郊呈称：窃属场奉令续办，百发待举而征求种尤为当务之急，现值秋末冬初，正茶种采摘适宜之候，自应预为征集以备及时播种，除国外茶种由属场设法函购外，拟请钧厅令饬本省各属各选茶种数种，每种以五升为限，并恳转呈省政府咨请湘、赣、皖、浙、闽、粤、黔、滇各省农矿厅或建设厅或请烦精选佳良茶种二三种，每种一升，均请送由钧厅，令饬祇领以资试验等情，计呈卖征集茶种表式一纸据此查该茶场征集茶种，以图改良，尤为挽救利，源推广销路……”

这个公文的大致意思是羊楼洞茶业试验场向全国各产茶省份征集优良茶种茶苗，以便试验，故“仰该厅即便转饬产茶各县政府遵照办理此令”。

1930年，第四次恢复羊楼洞茶业试验场。场长刘伯轩，日本帝国大学农科毕业，曾任农棉业各试验场场长，是一位留过洋、下过地、专业精、懂管理的派驻官员。在他负责经营茶业试验场的两年多时间里，做了很多工作，成绩卓然。

1929年6月26日，刘伯轩场长向湖北省政府及建设厅递交了一份请示报告：《呈羊楼峒茶业试验场呈报本年制造青茶改良情形并各种数量祈示由》，刊登在当年的《湖北建设月刊》[第3卷，第7～8期]上。

该报告一是分析了羊楼洞茶叶生产销售的瓶颈及原因，如“鉴核批示只遵事窃查羊楼洞号称产茶区域而运销不畅，价格低减，国内既无广大销畅国际贸易地位，尤形衰落，推究其故，经以采制失宜品质不良为失败之主因，盖一般茶农当采叶时均抱重量不重质之主义，茶叶幼嫩时延不肯摘，必待叶片长大而后采取，以致品质不良，此失败原因一也。且采叶时连枝带叶随意采取，损伤茶树，毫不顾及老茶，则甚至用刀割取枝叶，混杂品质不良，此失败原因二也。茶农炒制均极粗放，茶商以贱价收买，半干毛茶加工制造又复顾惜工本，草率了事，温度既不知调节，时间亦漫无标准或温度不足，叶尚半生者有之，或温度过高叶已枯焦者有之，揉搓焙烘而后又不精密筛别，以致色泽暗黑，粗细混杂，优劣不分，此失败原因三也……”。

二是提出了解决问题的主要方向，如“市场竞争优胜劣败及不易之理，苟不设法改良力求挽回，则此地茶叶前途将不堪设想，本场负改良茶叶之责当，先就其弊而纠正之，更引以利而宣传之本年制造之始……”。

三是列举了改进采茶、制茶方式的主要措施及取得的显著成效，如“制茶手续虽杂繁而成绩颇佳，本场制成之三等粗茶品质且优本地所制细青，各茶商各机关闻名来场参观者甚众，争欲购，惜本场茶地有限，产量太少不能与汉商作直接之运销，否则交易即成获利必厚……”。

1930年年底，刘伯轩向湖北建设厅写了一个工作总结，即《羊楼峒茶业试验场民国十九年成绩报告书》，于1931年发表在《湖北建设月刊》[第3卷，第1～2期]上，该报告书主要报告了关于植苗、制茶、宣传调查等三个方面的情况。植苗方面，试验场还试种了贵州、福建、安化等著名产茶区的茶苗。

在该报告书中，刘伯轩还很客观地透露羊楼洞在茶产方面作为集散地的真实情况："洞地虽号称产茶，其实洞山产茶有限，大部分皆来自附近地方，如临湘、通城、崇阳等县，农民制成粗茶，皆肩挑车运来自洞地，售诸茶商，是以羊楼洞独蒙产茶之名。"

在1931年《湖北建设月刊》[第3卷，第1～2期]上，同时还刊登了刘伯轩撰写的《湖北建设厅羊楼峒休业试验场民国二十年试验计划》，提出："在本场负改良之责，自应就茶农积弊之所在，纠正而改良之实施之法。首宜注意茶种之优劣与种植方法之良否，进而为制茶手艺之研究。盖茶种之优劣，种植方法之良否，与夫制茶手术之精粗，相互间均有至要关系，故本年试验计划拟分茶种比较、试验茶树管理、试验制茶方法，试验三项。"

1932年《湖南省国货陈列馆开幕纪念特刊》刊登有《湖北羊楼洞之茶砖畅销俄国》，文中也记载了当时茶业试验场的功绩："湖北建设厅前以羊楼洞一带茶山甚多。该地人民每年只知采用秋茶，作制茶砖之用。春叶则仍被放弃，殊为可惜。特在该地设立茶业试验场一所，用制茶新法试验，成绩甚佳，据谈该处所产者以龙井尤佳。龙井茶经泡后味即淡薄，此茶经三泡后，尚可煎茶，出品分特、中、下三等。此时尚未营业，仅作提倡，并传习于当地民众云。"

（冯晓光）

正货出羊楼洞

羊楼洞的砖茶和红茶久负盛名，成为明、清、民国等时期名噪一时的品牌。1898年《湘报》[第93期]刊登的《两湖茶价》一文，有一段很有意思的描述：“数日以来，湘省各路新箱茶，均已接次到汉，安化头字前已售价四十六两，现到二字仅售二十七两，浏阳天福昌亦仅二十三两，咸临吉及西乡各号均二十一两，平江杨经纶二十四两，长寿街生记二十六两，湘潭十九两。鄂之羊楼洞等处所产现已赶到，其售价自二十七八两至三十五六两为率，论者谓与湘省所产同一成色之至，未知将来尚能望其稍有转机否。”这里提到一件很玄乎的事情，就是“论者谓与湘省所产同一成色之至”，但羊楼洞茶的价格明显要高很多。

實業週刊　3

湖北羊樓洞磚茶業之現狀

湖北羊樓洞磚茶業之現狀近據確查所得如左

（一）物產名　三六磚茶四五磚茶二七磚茶三九磚茶二四磚茶六四磚茶（二）出產地及製造地　正貨出羊樓洞次貨出羊樓司柏墩下貨出聶市即在以上三地製造洋商製造地在漢口（按本國惟上開四地出產磚茶磚面皆印有洞莊二字故蒙俄人祇知有羊樓洞而不知其他之三市也）（三）製磚之手續　一購集茶葉二發酵三篩四揀五裁斷六風扇七秤八蒸九裝入模器施下壓力固其形體至一時半十包裹及裝箱十一轉運（四）製磚之器具　秤筐盤風車模器（每副四百件）爐三蒸氣鍋六水箱五木質下壓器或蒸氣下壓機（製粉紅茶磚考察銷場習慣不合用最強壓力使茶葉粘結不可復開故仍以木機製作爲適當且木機全副約値銀六千兩較氣機爲易辦）（五）茶磚及各式茶磚之重量　三六磚每片重二斤九兩每箱重九十二斤四兩四五磚每片重二斤九兩每箱重百十五斤五兩二七磚每片重三斤八兩每箱重九十四斤八兩三九磚每片重三斤八兩每箱重百三十六斤八兩二四磚每片重五斤八兩每箱重百三十二斤六四磚每片重一斤每箱重六十四斤（六）運輸道　自羊樓洞八里至粵漢路趙李橋站至武昌渡江由京漢京張京綏鐵道聯運可直達豐鎮摩托車或駝運自豐鎮至庫倫由庫運銷至俄屬西比利亞一帶

“湖北省以鹤峰所产茶者为最优，惜其产额盛少，故其名不著。其次为羊楼洞及羊楼司所产者，品质善而名亦高。”这是1919年《安徽实业杂志》[续刊第27期]义农撰写的《吾国之茶业》中一段文字，对羊楼洞茶叶做出了“品质善而名亦高”的全面评价。

1920年《北京实业周刊》[第1期]刊登的《湖北羊楼洞砖茶业之现状》记载：“出产地及制造地，正货出羊楼洞，次货出羊楼司、柏墩，下货出聂市，即在以上三地制造洋商制造地在汉口（按本国惟上开四地出产砖茶砖面皆印有洞庄二字，故蒙俄人只知有羊楼洞而不知其他之三市也）。”1920年《银行周报》[第4卷，第2期]刊登的《湖北羊楼洞砖茶业之调查》中，同样也记载了“正货出羊楼洞”之说。

湖北羊樓洞磚茶業之調查

湖北羊樓洞磚茶業之現況如下。（一）物產名三六磚茶。四五磚茶。二七磚茶。三九磚茶。二四磚茶。六四磚茶。（一）出產地及製造地。正貨出羊樓洞。次貨出羊樓司柏墩。下貨出聶市。即在以上三地製造。洋商製磚地在漢口。（按本國惟上開四地出產磚茶。磚面皆印有洞莊二字。故蒙俄人祇知有羊樓洞。而不知其他之三市也。）（一）製磚之手續。一購集茶葉。二發酵。三篩。四揀。五裁斷。六風扇。七秤。八蒸。九裝入模器。施下壓力。因其形體。至一時半。十包裹及裝箱。十一轉運。（一）製磚之器具。秤。篩。風車。模器。（每副四百件）爐。三蒸氣鍋。六水箱。五木質下壓器。或蒸氣下壓機。（製粉紅茶磚考察。銷場習慣不合用。最強壓力。使茶葉粘結。不可復開。故仍以木機製作為適當。且木機全副約值銀六千兩。較蒸氣機為易辦。）（一）茶磚及各式茶磚之重量。三六磚每片重二斤九兩。每箱重九十二斤四兩。四五磚每片重二斤九兩。每箱重百十五斤五兩。二七磚每片重三斤八兩。每箱重百三十六斤八兩。二四磚每片重五斤八斤。每箱重百三十二斤。六四磚每片重一斤。每箱重六十四斤。（十）運輸道。自羊樓洞八里至粵漢路趙李橋站。至武昌渡江。由京漢京張京綏鐵道聯運。可直達豐鎮。托車或駝運。自豐鎮至庫倫。由庫運銷至俄屬西比利亞一帶。電

實業雜誌、第二十八號 國內要聞 省外

1926年《经济汇报》[第3卷，第2期]刊登了吴连生、陈淦著的《中国茶业概论》，文中也提道：“湖北之产地以崇阳、蒲圻、通山、咸宁、宜昌所产者为最著，其中尤以蒲圻为上品。湖北茶号则荟萃于通山县及羊楼洞两处，其数量亦有六七十家，而羊楼洞占十分之八。”

1934年《国际贸易导报》刊登了戴啸洲撰写的《汉口之茶业》，文中记载：“湖北产茶区域以羊楼洞、通山两处最为驰名，该处茶山概属自产，租地种茶者殊殊罕见。”

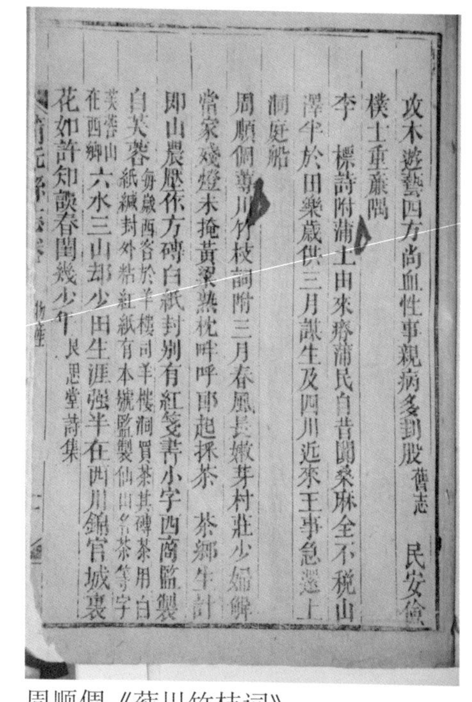
攻木遊藝四方尚血性事親病多刲股 舊志 民安僉
樸士垂簾閤
李 標詩附蒲土由來瘠蒲民自昔闢桑麻全不稅山
澤半於田樂歲供三月謀生及四川近來王事急還上
洞庭船
周順倜蒓川竹枝詞附三月春風長嫩芽村莊少婦鮮
當家殘燈未掩黃粱熟枕畔呼郎起採茶 茶鄉生計
即山農壓作方磚白紙封別有紅箋書小字西商監製
自芙蓉 每歲西客於羊樓司羊樓洞買茶其磚茶用白紙緘封外粘紅紙有本號監製仙山名茶等字
芙蓉山在西鄉 六水三山却少田生涯強半在四川錦官城裏
花如許知識春閨幾少年 艮思堂詩集

周顺倜《莼川竹枝词》

整个湘鄂赣茶区的茶叶是以羊楼洞为正品，而羊楼洞所产茶则是以芙蓉山为正品。蒲圻贡生周顺倜的一首《莼川竹枝词》写道：“茶乡生计即山农，压作方砖白纸封。别有红笺书小字，西商监制自芙蓉。”这里说的芙蓉就是指芙蓉山。

《湖北羊楼洞区之茶业》还提到了芙蓉山的地位：“该场距峒镇约里许，负芙蓉山而临小溪，东界崇通，更至羊楼司，南至通城，北至赵李桥。有峒赵汽车路，直达粤汉铁路火车站，仅有八里，四面均系产茶区域。相距不过数十里，交通颇为便利。且场址临近芙蓉山，该山所产之茶，品质最为优良，故茶庄之茶，每以产自芙蓉山为标志。”

（冯晓光）

由茶而生的羊楼巡检司

湘鄂边界的羊楼司，是以羊楼巡检司而得名。清末蒲圻繁华的四镇六市中，羊楼洞镇、羊楼司市都名列其中。

《大明实录》卷一七一《大明宪宗纯皇帝实录》记载："成化十三年（1477）十月改湖广武昌县赤土几巡检司为羊楼巡检司（蒲圻县）。"

《明史·地理五》记载："蒲圻府西南。西有蒲首山。南有蒲圻河，即陆水也。又西有蒲圻湖。西南有新店等湖，下流至嘉鱼县之石头口，注於大江。西南有羊楼巡检司。"

明代对于巡检司的职能，《全明文》卷七"谕各处巡检"定位为"扼要道，验关津，必士兵之乐业，至商旅之无限"，将巡检司作为对基层社会进行武装控制的主要力量。因此，对于为何设立羊楼巡检司，笔者认为，一是羊楼洞为南北交通要道、湘鄂交界处（当时此地没有羊楼司，更没有赵李桥）；二是因为羊楼洞是著名茶区，往来商人较多，茶叶集散交易，经济繁荣。

最早的羊楼巡检司规模有多大，武官的级别有多高，现在不得而知。乾隆版《蒲圻县志》卷一"署宇"记载："巡检司在县西七十里羊楼洞，明成化初武昌县白湖锁巡检司于此十八年，知县周洪肇创，今废，基址居民赁种。"这个记载说明了几个问题，一是这里所说的"白湖锁"与《大明实录》中的"赤土几"应该是同一个地方；二是假如羊楼巡检司设立于成化十三年（1477），那么羊楼巡检司的前身赤土几"巡检司于此十八年"之说就存在时间误差，可能最早设立于明成化年间之前；三是更名羊楼巡检司后，应该重修了司署，原赤土几巡检司司署废止“基址居民赁种”。总体来说，乾隆版《蒲圻县志》的记载与《大明实录》有一定的偏差。

乾隆版《蒲圻县志》还记载了羊楼巡检司的机构编制及经费情况。《蒲圻县志》卷三“田赋志”记载：“巡检一员（羊楼司雍正五年奉查闲员改设粮道库大使遺缺将俸工解道给领），俸银三十一两五钱二分，书办一名，工食七两二钱（顺治九年裁银一两二钱，康熙元年全裁），皂隶两名，工食银一十四两四钱（顺治九年裁银二两）。协编各巡司弓兵徭编一十二名，永克四十二名（石头口七名，羊楼司三十五名，每名一两八分带闰一分八厘）。羊楼司应役弓兵十名，每名六两带闰一钱，共银六十一两（顺治十四年裁银三十两五钱，存半银拨给铺兵工食）。”

清末民初之羊楼洞（陈启华摄）

羊楼洞老人回忆久远茶事

有资料显示，在清代后期羊楼巡检司曾移驻离羊楼洞更近的港口。至于羊楼巡检司何时裁撤，现有的文史资料中却没有发现相关记载，但羊楼洞地处扼湘、鄂两省咽喉，一直是中国近代部分战争的分水岭。在风云变幻、战乱纷争的历史长河中，羊楼巡检司从明清的重要管理机构，逐渐演变成为一个纯粹的地名——羊楼司。

（冯晓光）

贰

青砖茶简史

青砖茶产生的历史背景

赤壁茶叶历史源远流长，茶叶的种植、制作和销售都有着极其久远的历史和深厚的文化积淀。赤壁，有建置的历史达1800年，而赤壁采茶和种植茶叶的历史远远超过2 000年。

赤壁在茶叶国际贸易史上展示过辉煌，在西域各民族的茶马交易中为促进民族团结融和起到了非常重要的作用。新中国成立后，赤壁砖茶继续作为内蒙古、新疆、西藏、青海等地区各民族的生活必需品，促进了各民族的团结，并成为重要的纽带。

● 两汉南北朝：山间野茶乃良药

中国是茶叶的原产地，而长江中游地区又是中国茶叶的最早发源地。据载："神农尝百草，日遇七十二毒，得茶而解之。"西周王朝命楚贡苞茅等方物作祭祀之用，此方物中就有茶叶称"咤"（《尚书·顾命》）。反映西周、春秋时代社会生活的《诗经》中有多处记述了荼、苦荼。据《说文解字》：荼，苦荼，即今之茶字。稍晚于《诗经》的《尔雅》记载："槚，苦荼"，晋郭璞注曰："今呼早采者为荼，晚取者为茗"（《尔雅·释木》）。《广雅》记载："荆、巴间采茶作饼……欲饮，先炙令色赤，捣末置瓷器中，以汤浇覆之，用葱姜芼之。其饮醒酒，令人不眠。"蒲圻秦汉间属荆州南郡，三国前后分属汉昌、江夏、巴陵等郡。各史所记荆州、汉昌、江夏、巴陵之茶史，即有蒲圻。

三国赤壁古战场（现貌）

赤壁种茶与饮茶的历史有八大例证。其一，道人于吉常游历于江南各地，并以山间果药“助军作福，医护将士”（《江表传》），其果药者即猕猴桃与茶叶。其二，东吴士燮早年得仙人董奉密传，以奇物异果养生，于东汉献帝建安十五年由交州（今越南）调任武昌太守，当时武昌军政要务因赤壁一战，主要在蒲圻，士燮于此教民植茶饮茶即可明证。其三，赤壁之战时，庞统隐居赤壁金鸾山，相传植茶于此，曾请诸葛亮、周瑜、鲁肃于庵中品茶。诸葛亮取《汉书 · 司马迁传》中李陵素与士大夫绝甘分少典故赠庞统“绝甘兮少”题词。其四，以茶代酒之典。三国东吴史官韦曜（本名昭，避晋公司马昭讳更名）常来赤壁，并在赤壁留下著名的《伐乌林赋》。其人好饮茶，每宴饮必“以茶代酒”。吴主孙浩常宴饮大臣，每人以七升为限，不能饮者就会浇灌而下，唯独以韦曜另外，“或密赐茶荈以代酒”（《三国志 · 吴志、韦曜传》）。其五，《汉书 · 地理志》载：南郡、江夏、巴陵等地“川泽山林之饶、饮食还给、不忧冻饿”。此地民众采山为饮食，有饮茶之俗。其六，华佗是东汉末年的名医，赤壁之战前后活动于此，并为周瑜、关羽治病，所著的《食论》一书称：“苦茶久食，益意思”。其七，赤壁出土的大量东汉至东吴的青瓷器皿中有一种四系罐，据1998年《江汉考古》[第4期]记载：这就是当时的茶具。其八，1973年在赤壁新店出土的青瓷贴花小碗乃东汉至吴之物，据六朝考察专家蒋赞初先生考证，那小碗是饮茶具。这些都足以说明汉代前赤壁已出现饮茶的习俗。

晋代士大夫饮茶之风日盛，而江南茶叶的种植亦被极大推广。《茶经》载："晋有刘琨、张载、远祖纳、谢安、左思之徒，皆饮焉。"《晋中兴书》载，当时士大夫待客"所设惟茶果而已"。《搜神记》记载，夏侯恺死后，其鬼"就人觅茶饮"。《神异记》载："虞洪入山采茗，遇一道士，牵三青牛……曰山中有大茗，可以相给。"葛洪是晋代道人，在赤壁雪峰山、葛仙山修行多年，每以草药、茶叶济人，所著的《神仙传》《抱朴子》《肘后备急方》等书，均记载了赤壁的玉竹、黄精、茶叶等药材。《续搜神记》载："秦精常入武昌山采茗，遇一毛人，长丈余，引精至山下，示以丛茗而去。"

南北朝时采茶、饮茶风更盛于前。《桐君录》载：武昌出好茗，"饮之宜人"，"亦可通夜不眠"。鲍照是南宋诗人，与其妹鲍令晖都喜采茶饮茗，令晖还著《香茗赋》传世。这一时期，江南从士大夫到平民百姓掀起的饮茶之风，形成了特有的饮食习惯。这一饮食习惯，逐步影响到黄河流域。那里的人们知道了茶，以致有时嘲讽江南人"渴饮茗汁""茗饮作浆"（《封氏见闻录》）。

● 唐代：茶园时代伊始

唐代饮茶之俗，风靡全国。茶叶的采摘不仅于山间野茶，还出现了成片的茶园，《唐代长江中游的经济与社会》一书中记载："长江中游的茶业在唐代取得了空前的发展，这种发展得助于当时迅速兴起的饮茶之风。"据《唐书·食货志》记载：茶叶种植与市场在长江中游出现湖北、湖南、江西三大区域，其中湖北有荆州、峡州、襄州、蕲州、安州、黄州、鄂州，当时蒲圻属鄂州，而湖南的岳州亦是重要的茶叶种植与市场，蒲圻夹在鄂州与岳州之间，双方距离均百公里左右，这给当时蒲圻茶叶种植与销售提供了得天独厚的条件。

故《全唐文》《太平寰宇记》等记述：鄂州蒲圻、唐年（唐代将蒲圻南划出，另设一县曰唐年，即今崇阳县、通城县）诸县，其民“唯以植茶为业”，这种以茶为主的种植结构使得鄂州、岳州成为茶叶生产和集散的重要区域。专业茶农的大量出现，还使唐代户籍中出现了“茶户”“园户”（《唐书·食货志》）。毛文锡所著的《茶谱》一书记载：“鄂州之东山、蒲圻、唐年县，皆产茶，黑色如韭叶，极软，治头痛。”羊楼洞松峰山上曾有一株千年老茶树，相传植于唐太和年间（827年前后），这是现存植物标本，它见证了唐代赤壁茶叶种植的辉煌，可惜在20世纪“文化大革命”时期被砍伐。

唐代，因茶业的极大发展，茶文化应运而生，据传陆羽《茶经》的初稿在蒲圻问世。除了《茶经》，还有《茶辑》《茶谱》《膳夫经手录》《封氏见闻录》《全唐诗》中的大量咏茶诗异彩纷呈，《唐国史》《唐国史补》《全唐文》也无一不载茶叶。

宋代：茶马互市的榷茶之地

宋代茶叶边贸较之唐代可谓翻了几倍，无疑极大地促进了茶叶的种植，当时蒲圻属荆湖北路鄂州江夏郡。《宋史·地理志》称：“岳、鄂处江湖之都会，全、邵屯兵，以扼蛮獠，大率有材木，茗荈之饶，金铁羽毛之利，其土宜谷稻，赋入稍多。”“茗荈之饶”就是说茶叶十分丰饶，而且给国家赋税也比较多。宋代定“榷茶之制，择要会之地”，即国家确定产量和上交数量。所择要会之地，荆湖北路即有鄂州、岳州，定产247万余斤，在品种上确定片茶、散茶二种。片茶蒸造，以充岁贡及邦国之用。散茶主要出自淮南、江南、荆湖（赤壁属荆湖北路），品种有龙溪、雨前、雨后共十一等（《宋史·食货志》）。朝廷设置茶盐使专管茶叶和盐业，一时出现“茶无滞积，岁课增五十万八千余贯”。景祐元年（1034），有三分之一的人从事茶业，仅茶叶一项之税收增至210万缗。嘉祐四年（1059）仁宗皇帝下诏称：“古者山泽之利，与民共之”，因此宣布解除茶禁，即民间可自行贸易。这无疑又进一步刺激了茶叶的生产。据《蒲圻县志》记载：宋时城北七里冲因植茶故又名曰茗山。我们可想而知，当时蒲圻夹在鄂州、岳州两大茶叶集散市场之间，且又有驿道通行南北，加上长江黄金水道，其茶叶生产规模一定远胜周边其他县。

● **元明时期：出现砖茶的雏形**

元帝国的版图扩至西亚、欧洲，茶叶的需求极大增长，但其立国八十年，前后有三十余年处于战乱，茶叶生产受到严重破坏。据《元史·食货志》记载，江西、湖广（蒲圻属湖广行省）两行省茶叶年纳税银25万锭。当时的湖广行省地域为今之两湖、两广、安南（越南），所以它的税银远不及宋代的荆湖北路。

清末羊楼洞

漢口興商茶磚股份有限公司

中華農商部註冊

收足股本五十萬元

商標

股票

本公司在漢口礄口購地置機設立工廠製造茶磚按照
股份有限公司條例呈准
農商部註冊股本總額銀洋五十萬元分為五千股每股
銀洋壹百元正今收到　省　縣
秋記　名下股洋壹仟元計壹拾股由第
叁仟叁百捌拾壹號起至第叁仟叁百玖拾號止隨給
息摺一扣須至股票者

董事　焦經通　唐朗山　曾春生　卓星聯　唐雲山

注意
本公司股東以本國人為限
倘有抵押及轉售與非本國
人者其股票息摺作廢

中華民國十二年癸亥正月初一日
漢口興商茶磚股份有限公司發給

民国兴商股票

明代，蒲圻属湖北省武昌府。强大的明帝国，威服四夷，商品经济相当发达，出现了资本主义的萌芽。织造、茶盐、瓷器形成工厂化生产。全国形成了三十个物资集散的大城市，蒲圻仍居于汉口与岳州两大城市之间。由于蒲圻羊楼洞出现较具规模的制茶业，不仅促进了当地的茶叶种植，还促进了周边县的茶叶种植，当时周边出现了成群结队的“肩客”，他们肩挑背扛，将各地茶叶运往羊楼洞，交作坊进行制作。明代蒲圻种茶主要在陆水河之南，以茶庵岭至羊楼司居多，故出现“茶庵岭”一名（《蒲圻地名志》）。

明《湖广总志》及《湖北通志》《蒲圻县志》还记载：羊楼洞，距县六十里，产茶。据《蒲圻县志》记载：明末全县上解税收1 447两，其中仅茶叶零售税银40两，茶引税18两，占总税收的4%，如果将茶园、制茶及相关产业统计在内，其税收超过50%。明代中期，蒲圻开始生产帽盒茶，由唐宋的饼茶演变而来，它便是青砖茶的雏形。

● 清代：青砖茶踏上万里茶道

清代蒲圻茶业发展到了又一高峰。据《蒲圻县志》记载，当时有一首诗词《莼川竹枝词》（周顺倜著）可见采茶和制作砖茶盛况：

三月春风长嫩芽，村庄少妇解当家。

残灯未掩黄粱熟，枕畔呼郎起采茶。

茶乡生计即山农，压作方砖白纸封。

别有红笺书小字，西商监制自芙蓉。

道光年间，经蒲圻籍工部尚书贺寿慈上奏朝廷批准，湖北巡抚衙门在蒲圻搞茶工商试点，茶叶种植、制作、销售一条龙。晋商大盛魁在羊楼洞设大玉川、三玉川等茶号，其他晋商还有巨贞川、天聚川、天顺长、兴隆茂、大德生、大昌川、大德常、大德兴等一百余家。粤商开设有兴商、兴太、源太、百昌等十一家。他们在羊楼洞开设茶厂，压制砖茶。咸丰、同治年间，外国资本进入，俄、德、日等国商人竞相在羊楼洞开设茶厂，其中俄商兴办了阜昌、顺丰、新泰等砖茶厂，年产砖茶3万担。

清代，羊楼洞创造了一批世界级的茶叶品牌。清末道光、咸丰年间，先后有俄、德、日等外商洋行和汉口、镇江、天津、广州等地商人纷纷来羊楼洞设茶庄收购制作砖茶、红茶，并争相外销。

（冯金平　冯晓光）

青砖茶之演变

有人说，青砖茶是中国茶叶生产和贸易中的一个奇迹。它有着特殊的形状，有着漫长的演变过程，有着独特的饮用功效，更有着神奇的社会功能。所以，一块砖茶已不再是一种纯粹的茶叶，而是通过历史的沉淀，赋予了它深厚的文化内涵。

1946年《边疆建设》[第1卷，第1期]刊登冰洁撰写的《漫谈茶砖》中记述："所谓砖茶，就是把普通茶叶用强力的压缩器，压成像砖那样的坚硬薄板，但是并不像砖那样脆弱，其硬度除非用锯以外简直无他法切开，因为普通的茶叶蓬蓬松松，搬运至感不便，于是把它压成茶砖自可免去这种麻烦。"

"川"字砖茶石模

赤壁生产青砖茶的历史有多久呢？按一般通常的说法，只有数百年。这种说法既正确，也不正确。说它正确，是因为这种长方体的砖茶，确实是在赤壁出现才几百年；说它不正确，是因为砖茶的形状和工艺经历了漫长的演变过程。它的历史传承，绝不是仅有几百年。

1923年《上海总商会月报》登载的《近六十年来之茶砖价格》一文中说："中国之造茶砖已历三千年，十六世纪西伯利亚已有中国茶砖。"十六世纪西伯利亚已有中国茶砖，这是有可能的，但中国之造茶砖已历三千年，却是比较夸张的说法，因为中国的茶叶史也才三千多年。

《砖茶贸易今昔谈》中也说到砖茶的历史："砖茶的生产，始于唐、宋时代，古名饼茶。宋时的茶马政策，就是以中土的茶，换塞外的马，当时所称的茶，便是砖茶，其产地多在长江流域。近代的青砖茶以鄂南崇阳、通山、蒲圻及湘北的临湘等县之老青茶为原料，多集中在羊楼洞制造。"

《宋史·食货志下五》载："茶有二类：曰片茶，曰散茶。片茶蒸造，实卷模中串之。"这里所谓的"片茶"，是将茶叶蒸后压成饼状，即今青砖茶的雏形。

著名茶文化专家傅宏镇（1901—1966），1921年毕业于安徽省茶务讲习所，1923年曾在安徽秋浦、祁门茶场任职，是吴觉农先生的朋友和同事。1935年《农村复兴委员会会报》[第2卷，第11期]刊登有傅宏镇先生的一篇力作《两湖茶业之史的研究》，他在其著作中开篇提道："两湖名茶，自昔驰誉，红茶、砖茶，为其精品。输出海外，年达数十万担，其运入俄者，占华茶出口额二分之一。宋元丰年间，西戎马市，尤以砖茶为主，而此种砖茶之制造，以湖广福建为策源地，即宋代宫中贡品之龙凤茶。"

傅宏镇先生还以宋代陶谷《清异录》中"景德初，大理徐恪，有贻卿信铤子茶，茶面印文，曰玉蝉膏。又一种曰清风使"为证指出，"挎茶为锭，即今砖茶也"。

由此可见，赤壁青砖茶是由唐、宋时代的饼茶演变而来。当然，在这个过程中，还有一个知名的雏形，那就是明代的"帽盒茶"。

（冯晓光）

青砖茶的鼻祖在赤壁

帽盒茶，是指外形酷似圆柱形的茶，每块重约3.5千克。该茶产生于明代中叶，是青砖茶的前身。

河北《万全县志》记载，宋朝景德年中叶（1006年左右），官府以两湖饼茶与蒙古进行茶马交易，并以张家口为蒙汉“互市之所”。到明朝中期（1400年左右），羊楼洞的制茶业已相当发达，改进了制茶工艺，初制后的茶叶还要经过拣筛、蒸汽加热，再压制成圆柱形的帽盒茶，呈现出青砖茶的雏形。

明永乐年间（1403—1424），羊楼洞茶区出产的茶叶为了降低运费、减少损耗和便于长途运输，于是改变了宋代以来用米浆将茶叶黏合成饼状的办法。采用先将茶叶拣筛干净，再蒸汽加热，然后用脚踩制成圆柱形状的“帽盒茶”。羊楼洞因此也成为鄂湘赣三省交界处的茶叶产销集散中心。到乾隆年间，蒲圻羊楼洞一带，每年已可生产边销“帽盒茶”十万盒（八十万斤）。后来由于长途运输和储存的需要，“帽盒茶”被进一步改进为现在的砖茶。

1939年《贸易半月刊》[第1卷，第4期]刊登的《羊楼洞之砖茶制造与运销》（陈国汉著）载：“最初在羊楼洞通行篓装之茶，用脚践压，每篓重七斤半，合三篓为一串，以驴马装运至张家口、绥远一带，转装骆驼，运销外蒙等地。惟当时因压力不足，茶身松散，体积膨大，不特运输困难，且对游牧为生之蒙人，携带颇感不便，后经茶商逐渐改进，始成今日之砖茶。”

据陈椽著的《茶业通史》（中国农业出版社出版）记载：“青砖茶最初不叫砖茶，而叫帽盒茶。经人工用脚踩制成椭圆形的茶块，形状与旧时的帽盒一样。每盒重量正料七斤十一两至八斤不等，每三盒一串。经营这种茶的山西人，叫盒茶帮。”

《湖北省志资料选编》第1辑中王艺撰写的《羊楼洞青砖茶》中记载：

羊楼洞商会临时流通卷

以羊楼洞茶农为原型的汉口邮票

“羊楼洞茶叶加工历史可以上溯到明代中叶，当时销售的圆柱形‘帽盒茶’即为今日的砖茶的前身。清代，羊楼洞茶业由于有山西商人的介入，诱导与扶持而日渐繁盛。康熙年间，砖茶生产正式出现。”

清中后期，随着制茶技术的改进，羊楼洞的砖茶生产日趋成熟。“闻自康熙年间，有山西沽客购茶邑西乡芙蓉山，洞人迎之，代收茶，取行佣。……所买皆老茶，最粗者踩作茶砖，仍号‘芙蓉仙茶’。”这是清代叶瑞延在他的《纯蒲随笔》中对晋商来羊楼洞制作砖茶的记载。嘉庆二十年（1815）蒲圻贡生周顺倜在他所作的《莼川竹枝词》中以诗词的方式介绍了羊楼洞制作砖茶的细节：“茶乡生计即山农，压作方砖白纸封。别有红笺书小字，西商监制自芙蓉。”可见至少在嘉庆年间就有成型的砖茶出现。

同治年间修订的《崇阳县志》记载：“今四山俱种（茶），山民借以为业。往年山西商人购于蒲圻羊楼洞，延及邑西沙坪，其制采粗叶，入锅火炒，置布袋中，揉成，再粗者，入甑蒸软，取稍细叶洒面，压做砖。竹藏贮之。贩往西北口外，名黑茶。道光季年，岁商麇集，采细叶曝日中，揉之不

手工压制砖茶机械（杠杆原理）

用火。阴雨则以炭焙干。”

砖茶的制砖方法，是“置茶于蒸笼上，架锅上蒸之，蒸毕倾入斗模内，置压榨器中，借杠杆之力，压成砖形，随即脱模置放室内，任其自干，数日后即可装箱起运”。后来，砖茶压制设备由杠杆压榨器改为螺旋式压榨机，制成的砖茶，较为紧密而结实。

虽然砖茶是由帽盒茶演变而来，但有了砖茶之后，帽盒茶并非完全消失。在很长一段时间，晋商的茶叶采办清单上，帽盒茶甚至与砖茶并存。据《刘坤一选集》（奏疏稿，卷一）中的《王先谦复议华商运茶、华船运货出洋片》载：“中国红茶、砖茶、帽盒茶均为俄国人所需，运销甚巨，此三种茶，湘鄂产居多，闽赣较少，向为晋商所运。”

《湖北羊楼洞砖茶业之调查》记载：“若此类茶砖，考察销场习惯，不合用最强压力，使茶叶粘结，不可复开，故仍以木机制作为适当。”应该说，帽盒茶与砖茶并存的原因，还与蒙藏地区的牧民消费习惯有关。

1861年，汉口开放成为对外通商口岸，俄国人在羊楼洞建立了砖茶工厂。从那时起，青砖茶主要在羊楼洞加工生产，米砖茶则同时在汉口和羊楼洞生产。

青砖茶，亦称“洞砖”“黑晋茶”。《中国茶叶大辞典》（陈宗懋主编）记载：“以老青茶为原料，经筛分、压制、干燥制成。长方砖形，色泽青褐，香气纯正，滋味尚浓无青气，汤色红黄尚明，叶底暗黑粗老。”

在历史上，赤壁青砖茶还有一些别称。据内蒙古文史资料第十二辑《旅蒙商大盛魁》记载：“桶子茶，又作‘筒子茶’或‘洞砖茶’，是指其造型酷似桶子状之茶，大都为湖北蒲圻县羊楼洞等地所产。因砖茶外面常印有‘川’字商标，故又有‘川’字茶之称，向有‘二七’‘三九’‘二四’‘三六’四种规格。”

《甘肃通志·茶法》也记载：“光绪三十三年（1907），附十一案茶叶课银疏所云，阿拉善王因蒙人喜食黄、黑晋茶（山西不产茶，山西茶商贩运湖北羊楼洞砖茶，西北习惯叫晋茶），不食湖茶（湖南安化黑茶），咨商改办前来。……且蒙古向为甘私引地，既不愿食湖茶，亦以援照南商运销伊塔晋茶章程，责成宁商改办川字黄、黑二茶，俾顺蒙情，而保引额。”《茶业通史》对黄、黑二茶做了解释，这里所说的黄茶和黑茶不是现时的黄茶和黑茶，而是湖北羊楼洞老青茶压制的青砖茶和红茶末压制的米砖茶。

除了青砖茶、米砖茶，羊楼洞还生产一种小京砖，亦称“觔砖”，深受俄国人喜爱。1898年《集成报》[第30期]刊登的《砖茶畅销》记载：“中国运赴俄国之砖茶，去年另设新法，以上品名茶制成小块，运至俄国约有一百万斤，此等砖茶专备军营既客商远行所用，取其便于携带也。”

近代的青砖茶以鄂南蒲圻、崇阳、通山及湘北的临湘等县的老青茶为原料，多集中在羊楼洞制造。青砖茶，诞生于赤壁市的羊楼洞。羊楼洞及其周边地区是青砖茶的原产地，已被国际茶界公认。赤壁市被中国茶叶流通协会授予“中国青砖茶之乡”和“中国米砖茶之乡”称号。

（冯晓光）

青砖茶的机械化生产

赤壁青砖茶，最早是“借杠杆之力，压成砖形，随即脱模置放室内，任其自干，数日后即可装箱起运”。后来，砖茶压制设备由杠杆压榨器改为螺旋式压榨机，制成的砖茶，较为紧密而结实。

《中国农业百科全书·茶业卷》记载：“清咸丰年间（1851—1861），湖北省羊楼洞茶厂开始用人力螺旋压力机压制帽盒茶（即砖茶）。”

1861年，汉口开放成为对外通商口岸，俄国人在羊楼洞建立了砖茶工厂，进一步改良中国压制砖茶方法，改用蒸汽压力机，这是中国最早的机制砖茶。后来，又于1878年改用水压机生产。

激烈的竞争和外来的科技刺激了羊楼洞制茶技术的不断进步。1897年《农学报》卷八“茶事汇谈”载：“在当时严酷的形势下，湖北的晋商茶厂为了增加自己与洋人的竞争力，不得不以较为先进的设备来改善自己的制茶手段，提高其生产和加工效益之水平。光绪十九年（1893）前后，晋商便开始使用气压机和水压机制砖茶，并于光绪二十三年（1897）购进英国台维生公司生产的烘干机，焙制散茶，色味俱佳。”

羊楼洞茶商在自觉改良加工设备的同时，清朝政府也在极力推动制造技术改造。《武汉通史·晚清卷》记载：“在张之洞赞助下，商办机器焙茶公司于1898年在汉口成立，董事长是江汉关税务司穆和德，董事有汇丰银行买办席正甫，阜昌砖茶厂买办、汉口大茶行老板唐瑞芝……。同年，中国第一

压制车间油画（黄继先）

部茶叶压制机运到羊楼洞茶区开工制茶。”

1899年，张之洞在《饬商务局茶商购机制茶札》中，要求茶商“集股购机制茶”，也明确表示“如有须官力维持保护之处，本部堂必竭力扶持，倘商人集股不足，本部堂亦可酌筹官款若干相助”，并且还限定商务局趁当时茶商集中汉口的机会，“务期议有端倪”，即很好落实。如此重视和支持商人购买茶机制茶，这在所有地方总督中，也是仅有的。

在刑部主事萧文昭的奏折中，说得更加明确：“查中国现行机器有二宗，一为台惟生厂新法焙茶机器，……汉口茶商曾经试用，虽已经雨渍之茶，亦能色味俱佳。近闻湖广总督张之洞，在湖北集款八万金，置机制茶，已肇端倪。”

砖茶生产线水粉画（黄继先）

1899年《湖北商务报》[第31期]刊登的《局收文牍：江汉关道岑咨商务局奉督宪批整顿茶务文》中记述："札饬委办羊楼洞茶厘盛守春颐，传集各帮茶商，剀切开导劝办，暨谕饬汉镇茶业公所董事会商各商，悉心安议禀复去后，嗣据盛守禀称，饬据羊楼洞六帮茶商丽生泉等禀复，遵谕邀集各帮悉心安议，如果机器制茶可以换回利源，有裨商务大局，自当仰体，……复饬弹压羊楼洞茶市委员周令昌寿，将该处机器制茶情形，就所见闻，切实具复。"

羊楼洞的俄商，也在积极购机制茶，可能是机器设备设计还不十分科学

合理，致使制茶效率不高。《局收文牍：江汉关道岑咨商务局奉督宪批整顿茶务文》中还提道："惟细察本年俄商机器制茶之法，实与中国茶市情形不堪相宜，不得不沥陈于钧厅，查俄商阜昌洋行，于本年三月间，自运机器一副，来洞试办，并由印度雇来制茶洋匠二名，租赁宽大房屋，安设机器，收买雨前嫩茶、青茶，不经日晒，止待阴干，并多置木架，多铺篾席，以备摊茶之用，但青茶柔软，非三昼夜不可至开机制作，专用火力，每日揉做泾茶不过千觔，十日亦止万觔……"

在湖北地方官府的支持下，1900年，汉阳周恒顺炉冶坊从江南制造局和湖北枪炮厂聘来两名技师（胡尊五、胡幼卿父子），又从上海购进一台蒸汽发动机和几台机床，使“周恒顺”成为名副其实的机器厂。扩充后的周恒顺机器厂首先为羊楼洞长盛川仿制了一台茶砖机，接着羊楼洞其他茶厂订购成套茶砖机多台。自此，羊楼洞机制砖茶生产质量和效率进一步提高，真正进入近代工业水平。

除了俄商砖茶厂，汉口兴商砖茶公司是科技化程度最高的一家民族企业。1918年以后，汉口俄商砖茶厂撤销，只有一家挂靠英国商人的仍然生产；另一家是粤商的兴商公司砖茶厂。据《茶业通史》记载：“十月革命后，俄商停业。山西茶商维持边销。1925年，苏联在汉口成立协商会，在羊楼洞委托华商兴商茶号收购老青茶，在汉口设厂压造，产量回升至三十余万箱。”

1925年《银行杂志》[第2卷，第12期]刊登的《汉口之茶砖业（既明）》，以三分之二篇幅介绍了兴商公司的经营情况：“汉口设厂制造者有兴商、阜昌、顺丰、新泰四家，兴商为粤人所经营。兴商有机器四架，现在仅开一架，不开夜工，需工人一百余名，每天出茶砖一百箱。如全体日夜开工，则可容工人一千余名。兴商茶砖厂，为粤商组织，厂外并挂有英商协和洋行招牌。凡兴商所出之货皆由协和包销，协和所有生意，亦专由兴商包做，但协和销路依然专恃俄国，俄国无市，双方合同未能履行，惟由兴商自做国内蒙古及西边一带生意。”1934年《国际贸易导报》刊登了戴啸洲撰写的《汉口之茶业》记载：“汉口共有阜昌、顺丰、新泰、兴商砖茶厂四家，其中惟兴商一家乃粤人设立，余皆俄国自办。兴商资本六十万两，机器四架，每年产额一万六千箱，日可制造一百二三十箱。”

1939年9月，湖南省茶叶管理处成立，安化籍彭先泽任副处长，受命筹建茶厂，试压砖茶。彭先泽到羊楼洞学习砖茶工艺，参照羊楼洞茶厂压制茶砖的方法，于1940年试压制黑茶砖获得成功。其时，羊楼洞砖茶机制生产，已经有近80年历史。

（冯晓光）

羊楼洞的青砖茶老商号

羊楼洞，是万里茶道重要源头之一，它始于唐，兴于宋，盛于清。明清时期，大量山西商人、广东商人、英国商人、俄国商人纷纷在羊楼洞设庄制茶，诞生了200余家制茶庄号、洋行或商标。目前有据可查的约有190个。

第一批：（145个）

长盛川、长裕川、巨盛川、洪元川、巨贞川、宝聚川、天聚川、三玉川、大昌川、大玉川、永聚川、永巨川、裕盛川、义盛川、长谷川、大昌川、裕盛川、大德玉、大德生、大德常、大德兴、大德通、大德诚、大德明、大永玉、大升玉、大泉玉、大昌玉、大涌玉、独慎玉、大聚和、巨贞和、巨真和、祥益和、天聚和、巨勇和、巨之和、德盛恒、德裕昌、德泰裕、德兴隆、隆盛元、德太隆、德慎恒、德成永、德巨生、四盛顺、四盛义、四盛勤、四盛和、四盛发、兴隆茂、聚兴顺、聚兴隆、兴茂隆、宝聚兴、广和兴、广昌和、宝聚隆、兴泰隆、合兴隆、乾裕魁、乾泰魁、乾泰恒、復盛泉、復泰谦、天源茂、天一香、天顺长、谦益祥、厚生祥、谦泰兴、谦丰和、长生合、九如广、九如昇、九如

大昌川模印

興商茶號
創辦于清咸豐六年(公元1856年)

观音泉石碑拓片（商号乐捐）

隆、祥发永、祥太和、祥泰厚、祥和顺、春和生、顺丰昌、恒吉昌、晋太昌、久成庆、协成公、协成泉、达顺成、裕庆成、大合成、裕庆成、鸣盛祥、原盛仁、桂盛玉、脊盛泉、锦泰魁、宝聚公、同兴福、熙泰荣、树滋堂、四盛仁、永玉大、恒丰泰、大丰祥、合义盛、春生利、庆丰元、天道恒、义泉贞、义玉合、集生茂、□祥义、□志盛、琳章□、聚民□、阜昌、协昌、隆昌、昌生、百昌、顺昌、茂昌、顺丰、新泰、新商、忠信、德馨、义兴、兴商、兴太、源太、祥太、仁和、祥和、怡和、义记、太记、生记、和记、兴记、福记、昌记、顺记、振利。（□：碑刻字迹模糊难以辨认）

第二批：（46个）

惠昌、天聚和、瑞兴、復太谦、恒丰太、瑞昌、德裕隆、裕和、谦益和、祥记、协和、瑞和祥、正记、茂记、协记、慎余、精华、丽生泉、洞珍、香兰、馨盛、天宝、蕊香、兰惠、赛珍、豫香、洞葆、福保、兰声、奇香、惠芳、赛兰、天香、谦益盛、楚华、洞芽、洞天、天一川、荣华、富贵、翠兰、争春、义兴公、源远长、大源茂、三元。

（钱红平　冯晓光）

“川”字牌的由来

“川”字牌青砖茶为百年品牌，其由来与古代圣贤有关，与地名有关，也与羊楼洞当地的三股泉水有关，是“人杰”与“地灵”相融合的神奇产物。

羊楼洞最早与“川”字有关的商号，是清代内蒙古最大商号大盛魁开办的大玉川茶庄（后改名三玉川）。据内蒙古文史资料第十二辑《旅蒙商大盛魁》记载：“著名旅蒙商大盛魁投资设立的三玉川茶庄，其据点就设于湖北蒲圻县羊楼洞。采茶的地方有三处：湖北蒲圻羊楼洞，蒲圻县与湖南临湘交界的羊楼司，临湘县的聂家市。”

“大玉川”商号来历也有典故，是取自宋代的一全套茶具，叫“大玉川先生”，而这套茶具是为了纪念唐代诗人卢仝。卢仝，自号玉川子，范阳（今河北涿州）人。他创作有许多著名的茶诗，如《走笔谢孟谏议寄新茶》《七碗茶歌》等，被后人誉为“亚茶圣”。卢仝的《茶歌》与陆羽的《茶经》、赵赞的“茶禁”（即对茶征税）被后人认为是唐代茶业史影响最大最深的三件事。元代诗人罗先登在《续文房图赞》中有关玉川子的赞文：“毓秀蒙顶，蜚英玉川，搜搅胸中，书传五千，儒素家风，清淡滋味，君子之交，其淡如水。”

同时，“川”字商号与山西祁县渠家大院也有渊源。渠家大院门楼顶端有非常醒目的“纳川”二字，有海纳百川之意，既代表“聚财”，又寓意

“包容”。渠家基业创办人、第十四世的渠同海（1723—1789），字百川。乾隆中期，渠同海前往包头谋求发展，购置十余顷土地，独资经营菜园、粮食、油面、茶叶，兼营钱业生意，渠家从此发家。渠同海以“长源本晋川，荣华万世年”十字，作为其孙子辈以下辈分的世系排名。后来渠家在羊楼洞开办的茶庄大都与“川”有关，也与辈分世系有关，如“长源川”“长盛川”“三晋川”“宏源川”等茶庄。

“川”字商号也与赤壁别名“莼川”有关，相传东吴黄武二年（223年）

“川”字牌茶砖

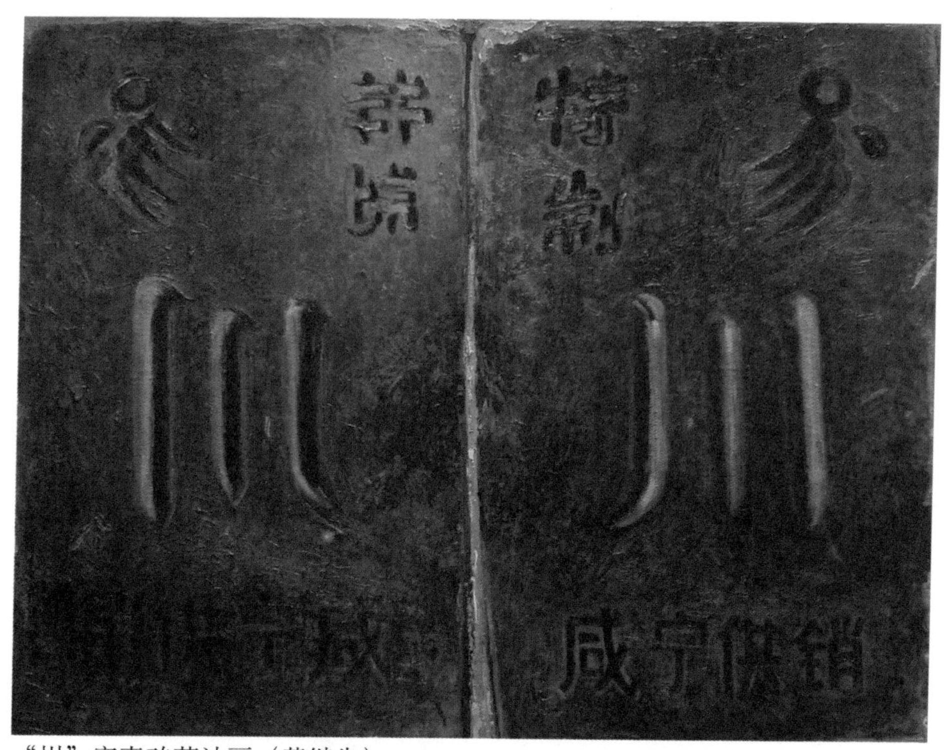

“川”字青砖茶油画（黄继先）

五月初五，孙权偕文武百官欢饮于西良湖，应沙羡令求，对景生歌，曰：

蒲草千里兮，绿茵茵，

圻上故垒兮，雾沉沉。

莼浦五月兮，风光美，

川谷对鸣兮，布谷声。

这就是“蒲圻莼川”四个字的由来。所以，蒲圻，亦有莼川之称。

非常巧合的是，羊楼洞有观音泉、石人泉、凉荫泉等三股天然泉水，流经茶乡古镇，竟然也成为“川”字象形。

（冯晓光）

叁 青砖茶之路

从茶马互市到万里茶道

● 万里茶道的形成

唐宋时期至明朝末年，是万里茶道形成的第一阶段，称为茶马（互市）古道，主要运销的是散茶和饼茶。赤壁茶叶生产，早在唐代就被朝廷辟“园户”。六世纪，茶叶就随着商人的驼队，沿“丝茶之路”传入中亚。明清之

行进中运送茶叶的骆驼商队（摄影：米科洛斯，1909年）

际，“丝绸之路”完全变成了“砖茶之路”。各国商队源源不断地将羊楼洞的砖茶输往中亚、欧洲各个国家。据河北《万全县志》记载：“早就在宋景德年间，官府就以两湖茶叶与蒙古进行茶马交易。”

1689年（中俄签订《尼布楚条约》）至1853年，是万里茶道形成的第二阶段，称为中俄茶叶之路，主要运销的是饼茶、帽盒茶和砖茶。从1727年中俄签订《恰克图条约》，这条茶叶之路变得更加繁荣。据《鸦片战争前中国茶叶对外贸易大事记》记载：1727年（清雍正五年），沙俄女皇派遣使臣来华，申请通商，订立《恰克图条约》，中俄茶叶陆路贸易从此确立。晋商在恰克图中方一侧迅即建立了一个“买卖城”（即贸易集市），把运抵的茶叶全部集中于此，俄商也携货汇集到这里易茶，恰克图就成了茶叶输俄的最大集散地。其时输俄的中国茶叶，除了有工夫红茶、福建和浙江的花茶、皖南绿茶、建德珠兰茶，还有鄂南的砖茶。由此可见，自1727年就有羊楼洞砖茶

清末砖茶商队

销往恰克图。

1853年（太平天国致使福建茶路中断）至清末民初，是万里茶道形成的第三阶段，称为欧亚万里茶道，主要运销的则是青砖茶和米砖茶。

武夷山与羊楼洞：区域经济的角色转换

作为万里茶道的代表性源头，羊楼洞与武夷山，当然还有安化，没有时间先后，只有区位差异。但是，武夷山与羊楼洞的地位转换，也是不可回避的事实。早期武夷山出产的茶叶品类与数量比重相对要突出一些，名气比羊楼洞也要大一些。但这种格局在1853年之后出现逆反。1853年，太平军占领南京，武夷山茶路中断，闽地的晋商进一步开辟羊楼洞和两湖交界处羊楼司茶山，羊楼洞取代武夷山成为最重要、最兴盛的万里茶路源头。

榆次常家后人常士宣、常崇娟所著的《万里茶路话常家》（山西经济出版社出版）记载："以闽西北和两湖之交的羊楼洞的具体情况相比较，从地理位置来看，两地相距甚远，但有许多相近之处，都适于茶叶的种植。两湖茶山的最终确立，不仅使晋商及常家的茶商们获得了一个更为可靠的茶源，同时也使原有的行程缩短千里之多，贩茶的利润更加可观而丰厚。"

马克思在《俄国的对华贸易》一文中记述："1853年，因为中国内部不安定，以及产茶省区的通路被明火执仗的起义者队伍占领，所以运到恰克图的茶叶数量，减少到5万箱，那一年的全部贸易额只有600万美元左右。但是在随后两年内，这种贸易又恢复了。1855年，运往恰克图供应集市的茶叶不下112 000箱。"马克思的这段文字，正好印证了中俄茶叶贸易确实受到茶路源头变迁的影响。

万里茶道，首先是由晋商开辟的，俄国人沿着这条路不断深入，直捣中国腹地茶区。1874年《万国公报》[第312期]刊登的《大俄国事：差人至中国内地勘觅运茶路径》记载："前俄国派来九人由西陲买卖镇启行，驰赴北京领取路凭之后，由天津到上海，顺达汉口汉水察看茶叶市面，即由内地勘觅

内蒙古五原县乌拉忽洞村附近砖茶商人设帐帏投宿的状况

运茶路径便道，西儌查阅回匪滋事情形，据传九人中武职二员，医士一名，军士三名，照相一人，通事二人云。”

光绪元年（1875），俄国人思诺福斯齐等为开辟肃州（嘉峪关）茶路到羊楼洞考察，寻找新的有利可图的贩卖途径。

● 万里茶道的历史变迁

传统的万里茶道陆路线路是怎样的呢？这里以羊楼洞为例。

在羊楼洞压制完成的青砖茶，由鸡公车推到赵李桥，再送上潘河的茶船到新店，顺长江至汉口，逆汉水至襄阳，再改水运为畜驮车拉至黄河，一路走东口（今河北张家口），一路走西口（今内蒙古包头），经迪化、伊犁、阿拉木图进入中亚和欧洲各国。东路砖茶往北入归化城（今内蒙古呼和浩特），再往北到库伦（今蒙古国乌兰巴托），最后到达俄罗斯恰克图，由此转口销往俄罗斯及欧洲。这条茶路，较湖南安化起点，缩短了近七百里；较福建崇安起点，缩短了一千一百七十余里。

正在装船的茶砖

除了陆路，羊楼洞的砖茶还由海上茶叶之路运销至俄国。1902年《鹭江报》[第10期]刊登的《茶运改途》记载："茶叶出口为中国之一大宗，向来红绿各茶自汉口装船运至俄国雅克资克者每年约三四十万箱，概从汉口经天津出居庸关过张家口、库伦直抵俄境，道路甚遥，运费颇巨，此中国之茶比以不能畅售也，近来汉口各茶商另立新议，日后茶运改由长江出渤海至大连湾趁东华铁路越黑龙江抵雅克资克，已与东华铁路定约每箱纳费二卢比，如此变通将来茶业或可振兴，不似前此之窒塞也。"

1905年，西伯利亚铁路修通后，海路加陆路的茶叶运输更加突出。羊楼洞的砖茶由汉口周转，船运至上海或天津，由沪津运至海山崴，然后经西伯利亚铁路运到俄国及欧洲各地。

由于铁路的修建，陆路的运输形式也在不断发生变化。1905年北京至张家口铁路修通，1906年4月1日京汉铁路全线正式通车，1916年粤汉铁路蒲圻段建成，1921年张家口至包头铁路修通。应该说铁路线越长，陆路运茶的速度越快，时间越短，成本越低。鸡公车、牛车、骆驼等这些传统运输工具也逐渐消失在历史的长河中。

（冯晓光）

青砖茶推手之六帮茶商

云集羊楼洞的六帮茶商

在清代及民国时期，汉口有“六帮茶商”组成的茶业公所。这“六帮茶商”，按照地域分是晋商、徽商、粤商、湘商、赣商及鄂商。

羊楼洞的茶商群体，“六帮茶商”均有涉足。1899年《湖北商务报》[第31期]刊登的《局收文牍：江汉关道岑咨商务局奉督宪批整顿茶务文》一文中，就提及了羊楼洞的六帮茶商：“札饬委办羊楼洞茶厘盛守春颐，传集各帮茶商，剀切开导劝办，暨谕饬汉镇茶业公所董事会商各商，悉心妥议禀复去后，嗣据盛守禀称，饬据羊楼洞六帮茶商丽生泉等禀复，遵谕邀集各帮悉心妥议，如果机器制茶可以换回利源，有裨商务大局，自当仰体。”

國土性天氣使然至於人工烘製則人事之不齊斷不若機器之一律若
中國仍用舊法洋商必藉口人工不能停勻製法不能乾潔極力傳播煽
惑務使各國盡銷洋茶而後已恐各國銷路日久皆將滯塞趁此茶商雲
集之時務速傳集各商極力勸諭籌辦以為明年之計毋負本部堂勸導
苦心務期議有端倪如有須官力維持保護之處本部堂定必竭力扶持
儻商人集股不足亦可酌籌官款若干相助以期成此盛舉等因奉此仰
見 憲臺慎重商務保全利源之至意下懷曷勝欽佩遵查茶葉一項為
中國出產大宗近年各處茶市日壞洋茶逐漸暢銷亟應變通舊法購置
機器講求烘製以資補救奉札後遵即博訪周諮一面札飭委辦羊樓峝
茶釐盛守春頤傳集各幫茶商剴切開導勸辦暨諭飭漢鎮茶業公所董
事會商各商悉心妥議稟覆去後嗣據盛守稟稱飭據羊樓峝六幫茶商
麗生泉等稟覆遵諭邀集各幫悉心妥議如果機器製茶可以挽回利源
有裨商務大局自當仰體 督憲維持茶務之苦心竭力購辦何敢因循

商三十一 局收文牘 二

据《武汉史志》记载："砖茶贸易在武汉地区近代茶叶贸易史上占据着重要的一页。青砖茶主要产于湖北蒲圻的羊楼洞，历史悠久。明代中叶，羊楼洞青砖茶的制作已经相当发达。"从那时起，羊楼洞便成为鄂湘赣三省交界处产销集散中心。

从清康熙年间开始，除了本地茶商，还有晋商、粤商、徽商、湘商、赣商等国内茶商，以及俄、英、美等外国商人，纷纷云集鄂南，以羊楼洞茶区为中心，开设茶庄两百多家。

● 晋商占据大半江山

光绪十三年（1887）九月初四，芜湖关税务司《访察茶叶情形文件》档案记述："大凡驻汉办茶之（晋）商，每年派一总管带同司事入山（羊楼洞一带）造茶，若总管朴诚勤慎，监造精明……自当出色。"

据内蒙古文史资料第十二辑《旅蒙商大盛魁》记载："著名旅蒙商大盛魁投资设立的'三玉川'茶庄，其据点就设于湖北蒲圻县羊楼洞。采茶的地方有三处：湖北蒲圻羊楼洞，蒲圻县与湖南临湘交界的羊楼司，临湘县的聂家市。"

《山西通志·对外贸易志》中有关于祁县渠家在羊楼洞的记载："清乾隆、嘉庆年间，渠源祯的祖父渠映璜又增设了长源川、长顺川两大茶庄，从两湖采办红茶行销于西北各地及蒙古、俄国。至此，渠家已积累了万贯财富，发展成一个巨商大贾。茶叶广阔的市场，对晋商有着巨大的吸引力。他们中的一些人分赴福建武夷山，湖南的安化、临湘，湖北蒲圻、崇阳、通城等地办茶（后期主要在湖北羊楼洞和相邻的羊楼司），并用牛驮、马运、驼载经水陆辗转抵晋，再经东西两口（东口为张家口，西为杀虎口，以后改为归化城）奔波千里赴恰克图进行贸易，由此形成历史上著名的'驼帮'。"

榆次常家关于羊楼洞的记载有不少，而且很多资料都有出处。郭齐义《晋中商人的外贸思路及借鉴》记载："常家在湖北蒲圻、崇阳，湖南岳州的临湘、巴陵等产茶良区，建立采买基地。茶商将采购的茶叶运抵距蒲圻县数十公里的羊楼洞，在自己开设的制茶作坊里炮制砖茶，工人全数由当地农民中雇佣。羊楼洞的此类作坊共有十六七座，在江南颇有名声。"

程光、梅生编著的《儒商常家》（山西经济出版社出版）也记载："常家第九世、十世、十一世远在太平天国前就已到两湖经营茶叶贸易。京汉铁路通车后，羊楼洞的砖茶厂大多迁往设有火车站的赵李桥镇。至今，湖北省最大的国营砖茶厂（咸宁地区赵李桥茶厂）在蒲圻市赵李桥镇（蒲圻现更名为湖北省赤壁市）。"据熟知羊楼洞和该厂历史的人说，这个砖茶厂原是榆次富商于咸丰末年在羊楼洞开办的，民国时期的最后一任经理是榆次人张沂，新中国成立后公私合营时，张沂还以私方人员留用，直到退休。

《平遥古城志》（中华书局出版）中有平遥朱家的记载："平邑茶商，有坐商与行商两种。茶商又有红茶、盒茶（青砖茶）、卷茶各帮之别。清嘉、道年间城内茶商形成规模。采货直达两湖、赣、闽等地。茶商大户，以北营村朱姓为首，在平遥城内设总庄，在汉口设分庄。经营红火时，直接在湖北、湖南两地购买茶山，开设茶厂，制作盒茶，然后取旱路，运回平遥，再分销东、北、西三路，东路销往京、津一带，北路销往蒙、俄一带，西路销往陕、甘、青、疆一带。”

由于电视剧《乔家大院》的热播，乔家名气非常大。但乔家到羊楼洞创业的时间和实力却比不过渠家和常家。郝汝椿著的《乔家大商道》（新华出版社出版）记载：“咸丰年间，太平天国占据江南大部，通往福建武夷山的茶道阻塞，无法与俄国商人进行利润丰厚的茶叶贸易，眼看失去这个商机时，乔家的大德诚、大德兴两大茶庄又千方百计地创造了新的商机，他们自己投资，在湖北蒲圻的羊楼洞、湖南临湘的聂家市和两省交界处的羊楼司开办茶山种茶，开办茶厂制砖茶，解决了茶叶货源，然后再带上这些茶叶千里迢迢到恰克图与俄商贸易。”

山西人买办刘辅堂在羊楼洞开设了广昌和茶庄，该茶庄后来被其子、俄商洋行买办刘子敬继承。据《汉口租界志》记载：“刘辅堂（约1855—1906），名仁贵，号辅堂。1875年前后自设蒙馆教读学生，后入武昌圣公会创办的仁济医院学医。不久考取海关，在江汉关担任抄班工作。数年后，任俄商新泰洋行采购茶叶的庄首。不久，在新泰洋行支持下于湖北蒲圻羊楼洞开办广昌和茶庄，大量收购茶叶。数年后，任俄商阜昌洋行买办，在其任职期间，阜昌洋行茶叶交易量凌驾于其他俄商之上。”

祁县政协原副主席李如海回忆说，他的父亲李尊谦原是乔家大德诚茶庄汉口分号掌柜，1929年与长裕川茶庄张竹铭等人合伙兴办了宏源川茶庄。宏源川总号设在汉口，并在羊楼洞租借了十几间房屋和一些制茶工具，开始了生产。后来大德诚倒闭，其汉口和羊楼洞的财产被宏源川茶庄收购。李如海还说，民国四大家族之一的山西籍红顶商人孔祥熙也曾设想来汉口和羊楼洞开设茶叶公司，并拟邀请李尊谦主理事务，但由于李尊谦不愿放弃宏源川茶庄业务而作罢。

● 粤、徽商不可小觑

买办唐寿勋是汉口著名的广东籍茶商，其族侄、买办唐朗山在汉口和羊

楼洞茶区开设惠昌花香栈和厚生祥茶庄。兴商砖茶公司原为羊楼洞兴商茶庄，1906年唐朗山将其搬迁到汉口玉带门，但羊楼洞茶区仍然是兴商砖茶公司的主要原料基地，羊楼洞也保留其生产砖茶的工厂。

汉口及羊楼洞作为国际大茶市，徽商必然也涉足其中。在袁北星撰写的《客商与近代汉口茶市的兴衰》中就提到徽商在汉口和羊楼洞的茶叶经营："汉口的内销茶店，在鸦片战争之前就有不少，主要由徽州茶商开设和经营。如汉口正街泉隆巷开设的汪同昌茶叶店和新街王益茂茶叶店，大多经营徽州绿茶。在徽籍茶商中，又以婺源茶商居多，他们集中于汉口从事茶叶贸易，如'鲍元义，理田人，与兄元羲贩茶于湖北武惠镇''王元化，梓里人，……壮贾汉阳，家渐裕，偕侄业茶于汉'。他们还与晋商一样，在湖北羊楼洞开辟茶叶生产和加工基地，要求茶农按要求制茶。"

湘商在羊楼洞办厂

羊楼洞与临湘、安化都属于两湖大茶区，湘商亦在各处设庄。《大公报》曾刊载："当年，朱昌琳（国务院原总理朱镕基的曾伯祖父）在长沙太平街设朱乾升茶叶总栈，湖北、陕西、甘肃、新疆等处设分栈；安化、汉口、泾阳、羊楼洞、西安、兰州等处设分庄，雇用人员不下数千百辈。"

其实，朱昌琳与羊楼洞的关系，还不只是《大公报》所言的设分庄这么简单。清宣统二年（1910），新疆伊塔茶务公司因资金周转困难，被新任伊犁将军广福奏请朝廷改为商办公司，由湖南茶商朱乾升承办，朱乾升的老板就是朱昌琳。根据章程，“公司在湖北羊楼洞设厂制造，运输路线循汉口、张家口、归化城，取道蒙古草原直驱伊塔”，“公司专营茶叶，所办茶类以红梅为主，川块次之，米心、觔砖又次之”。这里所说的川块是“川”字牌青砖茶，米心是羊楼洞所产的米砖茶，觔砖也是羊楼洞所产的小京砖。

青砖茶之盒茶帮

在清朝及民国时期，汉口则有红茶帮、盒茶帮、卷茶帮三大茶帮。红茶帮是专门采办红茶的，盒茶帮（亦称“合茶帮”）是采办帽盒茶和砖茶的，卷茶帮主要是采办卷茶（千两茶、百两茶）的。

在早期羊楼洞的茶商群体中，晋商几乎控制了晚清时期羊楼洞的茶叶生产。三大茶帮除卷茶帮外，另两帮也是羊楼洞茶业大军中的主力。

据《茶业通史》记载：“青砖茶最初不叫砖茶，而叫帽盒茶。经人工用脚踩制成椭圆形的茶块，形状与旧时的帽盒一样。每盒重量正料七斤十一两至八斤不等，每三盒一串。经营这种茶的山西人，叫盒茶帮。”

1914年《中华全国商会联合会会报》[第12期]刊登的一篇《要件：劝晋省盒茶帮保存茶砖利权改良制造贸易书（羊楼峒商务分会茶行帮董雷震豫谨启）》中，就很正式地出现了“盒茶帮”这一名称。

现存赤壁博物馆的光绪十三年（1887）《合帮公议》碑记述的是赤壁茶叶外运的繁荣历史，碑文具体内容如下：

盖闻通商惠工国家，所以阜财用而胪规定矩，地方所以安客商，缘我羊楼洞往来货物，车工推运絮乱，幸有前任恩宪谕行客二帮，议立车局，整顿行规，斗天地元黄，宇宙洪荒，日月盈亏，十三字轮转给筹，红黑茶箱，出山脚力，照行会，照客家，箱名取用，参考现有成规，数无异民也。言近来人心不古，渐至忘章，慈整旧规，即攘内攘外之□，车额例恪遵，切勿恃强越规，蹈矩客箱，发运之，乞客家宽宏，祈客气在□□□□，不可苛取，任警后犯□，此各遵章，□□□□，所议旧规开列于后，计开：一议：红茶收□箱发张家嘴、牛形嘴，每车□□；一议：黑茶西车箱发夜珠桥力钱，发张家嘴每车力钱，牛形嘴每车力钱。行用条规：红茶取用，收车西口，箱每人六十二，箱每只五十四。收箱属西口取用，川二（川牌砖茶）六箱，每斗箱每只取用三文。议：运来采办花箱、包、未来公□。光绪十三年二月吉日

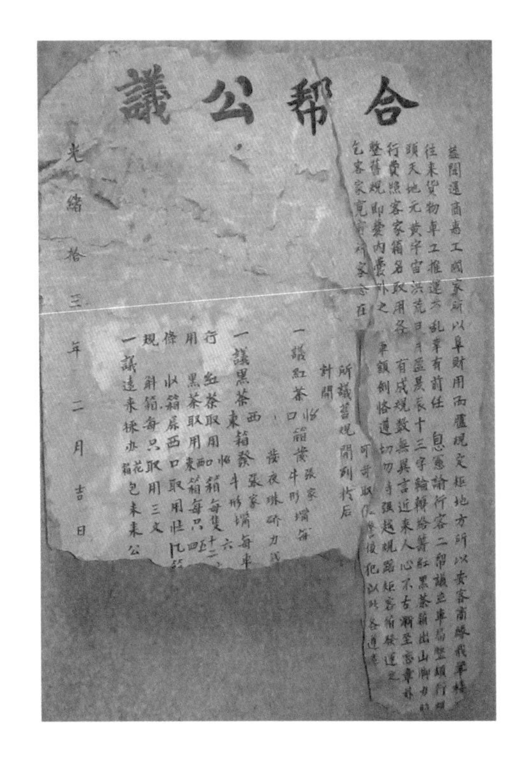

这个《合帮公议》碑中“合帮”二字的含义，除了有“行客二帮”议立运输行规的意思，笔者认为，“合帮”很可能还是“盒茶帮”的简称。

在汉口和河南赊店的山陕会馆中，都有关于茶帮的记载。赊店山陕会馆民国十二年（1923）《重修山陕会馆碑记》的“捐资商号名录”中，排列在第一位的就是“盒茶社四千五百两”。

从原汉口山陕会馆匾额的记载内容中，我们还可以看出汉口和羊楼洞的盒茶帮有以下主要商号：

庆丰元、长顺川、长裕川、翁盛泉、隆盛元、乾裕魁、大道恒、天聚和、协成泉、祥泰厚、复泰谦、大德昌、德巨生、长盛川、兴隆茂、义泉贞、大德兴、聚盛泉、巨贞和、大涌玉、裕盛川、义生合、谦泰兴等。

（冯晓光）

青砖茶贸易之路

砖茶贸易在湖北地区近代茶叶贸易史上占据了重要的一页。明代中叶，历史悠久的羊楼洞青砖茶的制作已经相当发达，成为湘鄂赣三省交界处产销集散中心。

早在宋景德年间（1004—1007）已有成批茶叶运往边地，在张家口与蒙古一带进行茶马交易。清代前中期，羊楼洞茶市已经相当兴隆，所产之茶大量销往俄国及我国新疆、甘肃、陕西、宁夏、蒙古地区等地。仅晋商，就有旅蒙大商家大盛魁，祁县渠家、乔家、何家，榆次常家、孔家，太谷曹家，平遥朱家等大商号在此设庄办茶。以后，还有粤商、徽商、赣商等国内茶商，以及俄、英、美等外国商人，纷纷云集羊楼洞茶区，极盛时期，共开设茶庄两百多家。

一、西客晋商

清代蒲圻籍叶瑞廷著的《莼蒲随笔》有这样详细而生动的记载："闻自康熙年间，有山西估客购茶于邑西乡芙蓉山，（羊楼）峒人迎之，代收茶，取行佣。所买皆老茶，最粗者踩作茶砖，仍号'芙蓉仙茶'。"

《蒲圻县志》记载：早在乾隆年间（1786—1795），山西大茶商三玉川、巨盛川来羊楼洞设庄收茶压砖。每年生产帽盒茶8 000担。《临湘县志》也提到，临湘茶叶皆由私商收购。康熙年间（1662—1722）晋商于羊楼司设

置茶庄，收购茶叶。可见早在康熙、雍正、乾隆时代，晋商在羊楼洞已有较大的经营活动。

清代时，晋商大量涌向北部边陲。他们大多从山西太原以南的各个县如祁县、平遥、太谷、徐沟、汾阳、榆次等地出发，沿着两条线路行进。一路由太原经忻州至大同，再转张家口。大多在张家口设立总号，经营范围以北京、天津及东北三省和外蒙古东部为主，外蒙古的主要庄号设于库伦，因行走路线和活动方向偏东而称为东路商。另一路则从太原起经忻州、朔州、右玉出杀虎口，再转归化城（今呼和浩特），一般总庄设在呼和浩特、包头二点，经营范围大致在陕西、甘肃、青海、新疆、蒙古地区东部一带。漠北大庄一般设在乌里雅苏台，称为西路商。西路商中代表性商号是包头的复盛公和归化城的大盛魁。东西二路仅是地域上的划分，并非在路上完全不相往来。

乾隆末年在羊楼洞所开设的两个茶庄，均为大盛魁的分支机构，属于西路商系统。然而蒲圻、临湘两县百姓转向以茶为主，经济生活出现巨大变化，当是东路商进入以后。东路商进入蒲圻的时间应为19世纪50年代初，当时仅羊楼洞一处茶庄就多达70家，年产红茶15万担，较前骤增十多倍。

以“川”字为商标的羊楼洞青砖茶畅销于蒙、俄市场。晋商中凡带有“川”字的商号大都与经营羊楼洞“川”字牌砖茶有关，除三玉川和巨盛川外，后有大盛川、长裕川、长盛川、长顺川、长源川、巨贞川、宏源川、天聚川、宝聚川、生珄川、大昌川等。

《蒲圻县志》记载：“清道光年间（1821—1850），羊楼洞有山西、广东、本地茶商八十余户，其中山西茶商有天顺长、天一香（后改名义兴茶砖厂）、大德生、大德常、大川昌、长裕川、三玉川、长盛川、宏源川、德原生、顺丰昌、兴隆茂等四十余户。”

二、小镇来了一批俄商

俄商与羊楼洞的关系，大致可以以1863年为界，分为前后两期。前期主要是间接经营茶，即通过晋商贩砖茶到恰克图销往本国；后期是直接经营茶，在羊楼洞设庄办厂制茶，然后销往本国。

1. 恰克图贸易主要是青砖茶贸易

“一个恰克图抵得上三省，它通过自己的贸易活动将人民宝贵而富有生机的汁液输送到整个西伯利亚。”“事实上，到了近代，恰克图贸易基本上就是茶叶贸易。”在恰克图交换的中国商品中，青砖茶占据着最核心、最主要的地位。快到19世纪中叶时，茶叶的份额已经约占俄国经恰克图进口额的95%。其时，俄国进口的茶叶中，三分之一是砖茶。此时俄国人对砖茶的认识也进一步加深。近代中俄关系史上的重要人物科瓦列夫斯基就在自己的书中，专门提到砖茶：“将凋落的、有时是仓促采下的大叶收集到一起，用气压机压制的砖头模样的一大块，但要比砖头薄一些，这就制成了廉价的茶，中国称之为‘砖茶’。砖茶有多种饮用方法。这种茶富有营养，有益健康。”

俄商委托兴商砖茶公司压制的专供青砖茶

咸丰十一年（1861）以前，一直是晋商垄断着湖北、湖南的茶叶贩运，他们将两湖茶叶经陆路运往恰克图销往俄国。这种由俄商、晋商分工负责，在恰克图交易的模式维持了一百多年。

2. 俄商在中国大地第一个竖起制茶烟囱

同治元年（1862）签订了《中俄陆路通商章程》，自此俄商取得特权，深入中国内地牟取物产和推销产品。俄商将触角伸向以羊楼洞为中心的鄂南茶区，在此自设行庄，直接向茶农收茶，并于1863年自办了顺丰茶厂，制作青砖茶。到1865年，有半数以上经由天津发往恰克图的砖茶是俄国人自己在羊楼洞等地加工制作的，可见其产量之大。以后，俄商在羊楼洞茶区又陆续开办了新泰、阜昌等八家砖茶厂。

俄国商人在羊楼洞和羊楼司设庄建厂，制售茶叶，由于享受免除茶叶半税的特权，又是水陆并运，大大节省了费用，所以其茶叶业务扶摇直上，从同治四年（1865）的1 647 888磅，猛增到同治六年（1867）的8 659 501磅。

斯拉德科夫斯基著的《俄国各民族与中国贸易经济关系史（1917年以前）》（社会科学文献出版社出版）中记述，1860年《中俄北京条约》签订以后，在中国领土上出现了向俄国出口茶叶的俄国企业。开其端的是利特维诺夫股份公司，它于1863年在汉口地区创建了几个手工业作坊。1873年，利特维诺夫把他的各个企业迁到汉口市内，在此基础上建立了使用蒸汽机的顺丰工厂。这里的汉口地区，即羊楼洞，否则何来1873年“迁到汉口市内”。

利特维诺夫，又译李维诺夫、巴提耶夫，是俄皇尼古拉一世的亲戚，皇族财阀。1861年汉口开埠后，来汉口开设顺丰洋行，经营茶叶。除大量茶销俄国外，还派人到羊楼洞一带招人包办监制砖茶。1873—1874年，迁厂至汉口俄租界。顺丰砖茶厂采用新式蒸汽机制压砖茶，每年从羊楼洞等处贱价大量购茶，制成5种不同规格的砖茶，年产砖茶15万篓（每篓1.5担）。该厂雇工

英商采办的砖茶

运砖茶的驼队

八九百人，日夜开工，产品畅销俄国。19世纪末，顺丰砖茶厂与阜昌、新泰等几家俄商砖茶厂操纵汉口茶市，大获其利。1917年俄国十月革命后，受国内形势影响，顺丰茶厂关闭，利氏返国。

三、其他外国商行蜂拥而至

俄国商人在中国的茶叶贸易引起了英国人的注意，并紧随其后，加入羊楼洞世界茶贸大军之中。

18世纪，为了英国国内制造家的利益，东印度公司被夺去从印度纺织品进口中赚钱的机会，于是它就将整个生意转到中国茶叶的进口上。在东印度公司垄断的最后几年中，它从中国输出的唯一东西就是茶叶。从中国来的茶叶创造了英国国库总收入的十分之一左右和东印度公司的全部利润。茶叶成为东印度公司商业的存在理由。

俄、英的在华茶叶贸易，引起了欧美等其他国家的注意，他们纷纷在中国兴办洋行商行，进行青砖茶的收购和销售。

容闳，1828年生，广东珠海人。1847年赴美，1850年入耶鲁大学就读，成为最早的中国留美生。他在近代“西学东渐”中的历史地位是公认的，晚年容闳著成《西学东渐记》一书。该书第九章记述，容闳为国际茶商赴中国南方茶叶产区执行时，到过蒲圻羊楼洞。1859年6月初，容闳抵汉口，后于“7月4日至聂家市及杨柳洞（译音，当系羊楼洞，在湖北蒲圻境内），于此二处，勾留月余。于黑茶之制造及其装运出口之方法，知之甚悉。其法简而易学”。

容闳在《西学东渐记》中，还专门谈到了中国茶和印度茶的比较。这种比较，相当程度上应是来自在羊楼洞等处的实地考察观感。1859年8月下旬，容闳等在羊楼洞、聂家市完成茶叶调查采办业务，乘民船“满载装箱之茶而归”，据此分析，其采办的应是青砖茶。

（欧阳明根据《洞茶与中俄茶叶之路》《羊楼洞传奇》
《万里茶道源头——羊楼洞解密》等综合整理）

青砖茶，曾经的“货币”

蒙古人常说：“宁可三日无粮，不可一日无茶。”面粉、肉、茶，是蒙古人不可缺少的三种食品。北方高寒，多以肉食。“以其腥肉之食，非茶不消，青稞之热，非茶不解”。青砖茶不仅可以有效地促进动物脂肪的分解，而且可以补充游牧民族所缺少的果蔬营养成分。以其独特的、不可替代的作用和功效，成为北方草原各族人民的生活必需品，被誉为“生命之茶”。

●磚茶暢銷中之售價一覽

本埠磚茶商自庫蒙銷路暢旺以來。口地外路商及庫倫莊京莊外館等。皆有大宗之買進。茶商銷項驟增。營業亦形轉泰。茲將其各貨售價。就訪問者紀載於下。（洞三六磚茶）每箱售價銀十一兩（洞二七磚茶）每箱售價銀十一兩五。（司二七磚茶）每箱十兩零五。（司三六磚茶）每箱十兩。（次三六磚茶）每箱九兩。（次二七磚茶）每箱九兩三。（大紅片磚茶）每箱七兩。皆係明年四月標期收欵。其現欵交易

實業界消息　六三

蒙古人到朋友家中做客或赴重大的喜庆活动，带去一块或几块砖茶，会被认为是最上等的礼物。土默特地区的蒙古族婚礼习俗中，订婚要由男方家备置订婚礼，又称“献彩礼”，砖茶通常是彩礼中的首要物品。

砖茶传入蒙古地区，逐渐在人们的生活中压倒群雄，并迅速得宠于蒙古族牧民。正因为砖茶在蒙古人的社会生活中有着至高无上的地位，所以砖茶还一度代替通用的货币，在蒙古族聚居区通行百年之久。

清朝康熙年间，一些内地商人深入蒙古腹地经商，携茶、粮食、布匹及其他日杂用品纷至沓来，交易蒙古的各种物产。除用米、布直接易皮毛以外，其余杂物均以砖茶定其价值。砖茶有“二四”“二七”“三九”之别。所谓“二四”者，即每箱可装二十四块砖茶，价值约三十三银元，每块砖茶重五斤半，价值一元二三角。“三九”茶则每块约价值六角，当作一元币通行。有时，砖茶价值急剧提升，商人们深入更偏僻的地区，便可以用较少的茶，换取较多的畜产品。以一块砖茶，换一只羊或一头牛的事屡见不鲜。

俄国有位蒙古学学者阿·马·波兹德涅耶夫（1851—1920），他曾奉俄国沙皇和外交部之命于1892年前往中国蒙古地区调查行政制度和现状，并同时研究俄国对中国的贸易关系。

后来阿·马·波兹德涅耶夫以日记形式写作了《蒙古及蒙古人》。在该书第一卷中，就记述了当时砖茶作为货币在蒙古地区流通的细节。比如：

“汉人赴蒙经商，须在札尔古齐衙门领取经商执照，最高价格为六箱半砖茶，合近100个卢布。”“库伦一间客房连饭费一昼夜付一块砖茶，合60～65银戈比”。

库伦买卖城里各种日常用品也使用砖茶交易。比如：“木材商每年出售木材价值三百到六百箱砖茶”，“一个南瓜，半块砖茶”，“一普特干草卖到二块砖茶”，“蒙古妇女夏天到森林里采浆果，她们将这些浆果装进小桶里出卖，大约八至十俄磅为半块砖茶（即三十二个半银戈比）”。

《湖北羊楼洞区之茶业》中提道：“蒙人以砖茶以代货币，除以皮毛直接易布米外，余悉以砖茶定其值。例如每箱袋二十四块之茶砖，每砖重五斤半，即能代二元之货币。”

《漫谈茶砖》也记载：“外蒙无货币，用砖茶计值，纵极贫之家，不能一日无茶也。有文献记载：此间土人，向娼妓寻欢，均给以砖茶为代偿，盖此地犹在物物交换时代。砖茶无异于货币。”

内蒙古自治区作家协会副主席邓九刚曾在接受《晋商》纪录片记者采访时讲述道：“这个砖茶到了蒙古草原西伯利亚，过去的就不讲了，认到什么程度也不讲了。就是一直到现在，蒙古人，包括呼和浩特的人，包括我自己，只认这个‘川’字茶。这种深入骨髓的品牌，简直是让你赞叹！”

（冯晓光）

青砖茶与东口

张家口是万里茶道上著名的“东口”，从这里经张库大道（张家口至库伦）的茶叶亦称为“东口茶”。1926年《中外经济周刊》[第171期]刊登的《晋商在湖北制造砖茶之现状》记载，当时羊楼洞的三玉川、兴商、长裕

川、义兴、聚兴顺、天顺长等晋商茶号生产二七、三六砖茶就是专销张家口的，所以这两款砖茶也称“东口茶”。从羊楼洞出产的二七、三六中等箱青砖茶，每箱约九十斤，从羊楼洞到张家口，沿途抽税十三道，每箱需缴税款三元一角九分四厘一毫八丝，其中：湖北正税大洋一角八分九厘、湖北产税大洋一角零五厘八毫、湖北正税项下附加一成大洋一分八厘九毫、湖北产税项下附加一成大洋一分零五毫八、金口茶税大洋一分二厘六毫、武昌羊楼洞货捐大洋五分、江汉关出口正税大洋一元五角七分一厘、河南马头镇抽赈捐大洋二角六分、张家口正税大洋二角三分三厘、张家口正税项下加抽赈捐一成大洋二分三厘三毫、大境门捐大洋六角、大境门捐项下抽赈一成大洋六分、察区助警百货捐大洋六分。

张家口作为内地货物运销库伦的主要中转集散地，它的繁荣程度与库伦的经济形式有着莫大的关系。当华商货物在库伦畅销，砖茶一定是销项最广的。据1925年《西北月刊》[第30期]《张家口砖茶营业渐复原状》记载：“库伦来信，库地缺茶，殆有断市之况，因之一般外路商，库伦庄客，皆贪买大宗砖茶，连日雇用大车，载出外者颇多，而买便在厂修理。未经运出者，尤为不少。得此畅销时机，营业转泰，当可指日可待云。”

张家口大境门

张家口风景名胜众多。其中闻名中外的“万里长城四大关”之一的大境门，城门上“大好河山”四个颜体大字刚劲有力，是万里茶道上的标志性建筑，这里曾是蒙汉两族人民的交易场所，也是青砖茶运往蒙古草原和俄国的重要集散地及中转地。朝廷在此设置了关卡，向来往恰克图、库伦的商人征收关税。

就青砖茶在张家口外的价格，也按产地有所差异，其中羊楼洞出产的售价最高，羊楼司出产的次之，柏墩、聂市出产的又次之。1925年《实业杂志（张家口）》［第1卷，第1期］刊登的《本区：砖茶畅销中之售价一览》记载："本部埠砖茶商自库伦蒙销路畅旺以来，口地外路商及库伦庄、京庄外馆等，皆有大宗之买进，茶商销项剧增，营业亦形转泰。兹将其各货售价，就访问者记载如下：（洞三六砖茶）每箱售价银十一两，（洞二七砖茶）每箱售价银十一两五，（司二七砖茶）每箱十两零五，（司三六砖茶）每箱十两，（次三六砖茶）每箱九两，（次二七砖茶）每箱九两三，（大红片砖茶）每箱七两。皆系明年四月标期收款，其现款交易，按此价扣付，而远期者亦按此价酌加云。"

张家口堡，也曾经是直隶和本地商贾的聚集地。清代，中国蒙古地区和俄国贸易的全面开放，包括茶商在内的许多商人聚集于张家口的堡子里，从

民国时期的张家口火车站

事茶叶的贸易活动。据《清季外交史料》记载，清朝后期，张家口堡当时有100多家茶叶商号，其中买卖最大的是大玉川、长盛川、长裕川、大昌川四大晋商茶号。而这四大茶号在羊楼洞也都有茶园和制茶工厂，他们经营的公共品牌“川”字牌青砖茶在中国蒙古地区、俄国乃至中亚、欧洲等地都非常畅销。

草原天路并不只是好看的花瓶，也有丰厚的文化底蕴，它是一条分隔内蒙古高原与华北平原的自然分界线，也是作为中华农耕文明和草原文明的交汇区。就喝青砖茶而言，草原天路南面的人把砖茶仅仅是当茶喝，而草原天路北边的蒙古族却是将砖茶加入牛奶或羊奶中一起煮，称之为奶茶。

从张家口开始，牛车（老倌车）、骆驼成为运送砖茶的主要工具。1925年《实业杂志（张家口）》［第1卷，第1期］刊登的《张家口商况一斑：骆驼货运甚盛》记载：“张垣十六日通信云，本埠进口之皮毛骆驼，自日前头帮四百余驼抵口后，连日继续进来者为数尤多，兹据调查，刻下在口之骆驼，共有一千二百余头，皆分寓于元宝山及西沟各外路商家，就中以西沟复盛和住寓甚多，约有三百上下。砖茶，现已定妥运载者，统计有四百余驼，共数一千四五百箱。”

《山西通志·对外贸易志》中记载：清乾隆、嘉庆年间，山西祁县的渠家在湖北蒲圻等地办茶，并用牛驮、马运、驼载经水陆辗转抵晋，再经东西两口（东口为张家口，西口为杀虎口，以后改为归化城）奔波千里赴恰克图进行贸易，由此形成历史上著名的“驼帮”。1936年《中国建设》[第14卷，第1期]刊登的《鄂省羊楼洞茶业概况》一文中也记载：“羊楼洞之茶，青茶销售华北各省及武汉三镇，红茶销英、俄等国，老茶茶砖销内外蒙古，及张家口一带。”由此可见，羊楼洞与张家口以青砖茶为媒，曾有特殊的渊源和非常紧密的联系。

（冯晓光）

青砖茶走西口

汉元帝竟宁元年（公元前33年），湖北美女王昭君远嫁匈奴和亲，虽然有汉元帝派遣的护卫队保护，但出塞的道路悠远而艰辛。某天清晨，王昭君顶着刺骨寒风，站在左云县卧羊山上，往前一望，前面就是山峦重叠的杀虎口。王昭君知道，出了杀虎口就是匈奴地界了。回首汉地山河，不禁依恋不前，踌躇良久，马踏成凹，后人称之为蹄窟。这不只是传说，其实《朔平府志》有记载："蹄窟岭，在县东五十里，连左云界。上有三峰，相传昭君出塞，道经此岭，有马蹄迹，至今尚存，因名。"

王昭君从这里走进了异域他乡。多年后，满载着蒲圻青砖茶的驼队，也迈出杀虎口，一路经包头、归绥到达恰克图，另一路经迪化、伊犁到达阿拉木图，不管是恰克图还是阿拉木图，通过这两个集散地的中转，羊楼洞的砖茶最终进入中亚、西亚和欧洲各国。清代《朔平府志》记载：杀虎口"直雁门之北，乱嶂重叠，崎路险恶"，"其地内拱神京，外控大漠，实三晋之要冲，北门之扃钥也"。台北故宫博物院档案也记载：清代的杀虎口"东达神京，西通归化，为商民蒙古往来必由之道，诚要口也……"。

西口，即杀虎口，位于山西省朔州市右玉县西北部，为山西省诸长城关口。蒲圻青砖茶与杀虎口的渊源颇深。史料记载：明清时期，蒲圻青砖茶以每箱砖片数命名，分"二七""三九"（每片都是2千克）、"二四"（每片3.25千克）、"三六"（每片1.5千克）四种不同规格。其中"二七”“三九”青砖销往西北各地，以杀虎口为出关地、包头市为集散地，所以这两款砖茶被统称为“西口茶”。

晋商旅蒙最大商号大盛魁，其名号仍然屹立在内蒙古呼和浩特。其实，从文化传承的延续而言，它的前世却在山西右玉的杀虎口，而它的今生却传承在湖北省赤壁市的赵李桥镇。历史上的大盛魁，经营长达二百余年，全国各地舍友分庄几十家，常年雇佣人员5 000多人，财富足抵半个归化城。康熙年间，著名将领费扬古两次随康熙帝亲征噶尔丹，后费扬古驻守杀虎口时，大盛魁的创始人王相卿、张杰、史大学等人在其部队当厨夫或杂役，同时也以小商贩身份，肩挑货物随军前进，做随营贸易生意，赚得第一桶金。不久他们三人纠集杀虎口几个本地人，形成了合伙的小型商帮“吉盛堂”，这便是大盛魁的前身。

湖北赤壁的“川”字砖茶是中华老字号，也是名副其实的百年品牌，其由来与大盛魁是有关的。清代山西旅蒙最大商号大盛魁开办的大玉川茶庄

（后改名三玉川），其总号设在山西祁县，在湖北蒲圻羊楼洞亦办有分号。据内蒙古文史资料第十二辑《旅蒙商大盛魁》记载：“著名旅蒙商大盛魁投资设立的三玉川茶庄，其据点就设于湖北蒲圻县羊楼洞。采茶的地方有三处：湖北蒲圻羊楼洞，蒲圻县与湖南临湘交界的羊楼司，临湘县的聂家市。”由大盛魁三玉川和渠家长裕川茶庄压制的青砖茶，最初都压印有“川”字牌号标记，它在蒙古族牧民中享有很高的信誉。所以长期以来，羊楼洞的二百多家茶庄，纷纷把“川”字标记作为压制茶砖的模具，同时也被看作是国产“洞庄”的标记，一直沿用至今。《旅蒙商大盛魁》记载：“桶子茶，又作‘筒子茶’或‘洞砖茶’，是指其造型酷似桶子状之茶，大都为湖北蒲圻县羊楼洞等地所产。因砖茶外面常印有‘川’字商标，故又有‘川’字茶之称。”

（冯晓光）

青砖茶与归化城

归化城，即内蒙古呼和浩特市旧城，是一座约有430年历史的塞外名城。归化城在明代已为著名的茶马市，直到民国时期此项贸易仍不稍衰，就每年交易额而论，虽然不及张家口之多，然而归化北通外蒙、西经新疆可通中央亚细亚，其贸易范围无比广阔。

1926年《中外经济周刊》[第146期]刊登的《归化城之茶贸易》记载："俄蒙各地住民最以嗜茶著称，如能设法推广销路，此地茶叶之前途未可限量也，其贸易状况可分砖茶和茶叶两项。砖茶，来自汉口，专销蒙古、新疆一带。经营此业者曰，茶庄概系晋商，规模甚大。其总店以习惯上之关系，均设在原籍地方，财东负有无限责任。在湖北之蒲圻羊楼洞及羊楼司等处设厂制造，制成砖茶至销汉口，除就近售与英俄等商，转销外洋，外在张家口、归化城、包头、奉天等埠设立分庄从事推销。"

按照《归化城之茶贸易》的描述，当时在归化城设庄者有下列十二家：兴隆茂、长盛川、元盛川、大德成、宝聚川、巨贞川、巨盛川、天恒川、三玉川、大德华、天顺长、义兴茶庄。"此十二家之财东出资者有三家系榆次县人，其余九家皆系祁县人。此等茶庄概系趸卖批发，不零售亦不设铺面，仅于本地之货店中租赁房屋数间，以堆存砖茶，店员各约十余人，内分掌柜（经理、副经理）、管账（会计员）、写信（文牍员）、跑街（交际员），掌柜一人或两人，总理全店之事物指挥一切。管账一人或两人，司出纳及登记事项。写信一人，司文电撰拟之事项。跑街无定额，探听市面情形及招揽生意，均极干练之人。本地市场情形随时以文电通告总店及各处之分庄，消息异常灵通"。

归化城内茶庄的交易习惯也非常特别，"由货店介绍售予本地走外地之行家或行商及蒙古之行商货店者，设备多数之房屋以赁寓客商并代客介绍交易从中扣取佣钱为业者也（即南方各省之号栈），本地货店最大者有七家，茶庄多寓于南大街之通顺店内，此地走外路之行家多在库伦、乌里雅苏台、科布多札、萨克图及新疆之故城子（奇台）等处设有分店或总店，自以多数之骆驼贩运内地之货物（如砖茶、布匹杂货等），而往换取畜生、皮毛、甘草等货而归，规模甚大。至于行商则系能蒙语之汉人结一团体，以骆驼数头或数十头各载货物，行商蒙古各地换取皮毛、畜生，运回归地售出后再购进他种货物前往贩卖，此项行商资本例不甚多，蒙古人之行商亦复如此，携其

归化城

畜生、皮毛来换取砖茶等货。蒙人来者，但多寓居本地之通事，行由通事代为买卖。而砖茶之买卖要需经过货店之介绍成交后，货店由买主一方面扣取佣金二分”。

茶商们出售青砖茶的货价以银两计付，“卖方以标期或对年付款为最多，卖现期者不过十分之一二，茶庄卖标期或对年期时例，以此期间之利息纳入货价中计算，其日利之多寡，一视对手之信用及交谊之如何并无一定”。

根据《中外经济周刊》民国十四年（1925）十月十四日的调查：“归化城砖茶种类甚繁，而销行最多者为二四砖茶、三九砖茶、米砖茶三种。二四砖茶每箱二十四块，每箱售价十八两五钱，内蒙古人之行商者多购之。三九砖茶，每箱三十九块，每箱售价十七两五钱，外蒙销售最多，新疆次之。米砖茶每箱七十二块，每箱售价二十三两五钱，系由汉口兴商砖茶公司以机器压造而成，新疆伊犁一带缠回（哈萨克族、维吾尔族等少数民族）消费最多。其中三九砖茶销数最多，约占十分之七。

“归化城地处草原高寒地区，交易时期也非常特殊。大致每年自旧历八月起，至翌年三月止。以九、十、十一、三月为最盛。旧历四月以后骆驼悉就蒙古草地放牧，直至八月秋凉时始来，故春夏季交易极少。民国十四年前后，青砖茶每年在归化城交易额约在四万箱上下，往外蒙者约占十分之七，往新疆者约占十分之三。运费每箱自汉口由铁路运至归化城，需银两三两三钱八分（江汉关出口税及京汉铁路鄂豫货捐在内），税捐各项茶砖轻重不等，除羊楼洞之茶厘及江汉关出口税、京汉铁路鄂货捐不计外，每箱经过张

行走在张库大道上的老倌车

家口、丰镇至归化还需缴纳一定的税率：三九砖茶，张家口茶捐二角四分，附加赈捐二分四厘；杀虎口丰镇正税二角五分，附加赈捐二分五厘；归化塞北关正税三角三分，附加赈捐三分三厘；合计九角零两分。二四砖茶与三九砖茶同率，惟在归化需另加厘金三分六厘三毫。而羊楼洞之茶厘、江汉关之正税、京汉铁路之货捐尚不在内。”

当时归化城内经营青砖茶的茶商对铁路车辆的缺乏尤感困苦，货物堆积汉口、丰台等处无车装运及辗转，即便营得一二车辆运到归化，而市场上机会也已错过。据某位茶庄经理所谈：“该庄去年九月有拟运归化及张家口之茶砖共四十万箱，在汉口堆存迟至今年三月底始克运到此，茶若去年九月运到，至少可销八九成，今年三月到此只售去一两成，此中损失不小，且以运输拥挤之故，同行中竞争车辆须另出运动费若干始得达目的，又汉口天气湿润，砖茶堆积过久，每箱中霉坏若干块，买卖时例须管保回换，因此各茶庄损失不小。本年同行中已有五家未往汉口办货，云砖茶庄所感之困苦如此。走外此业殊难望其发达也。”

归化城地处北方要冲，是通往新疆与外蒙的交通中枢，也是西北贸易之总汇。“归化城之商务亦完全以对外蒙、新疆两处之贸易为命脉。”由归化贩运新疆、外蒙之货，两湖产米心（米砖茶）及二四砖茶、三九砖茶为大宗。货物往来均用骆驼载运，每驼可载重一百七十斤乃至三百斤。每年旧历九月至翌年三月，骆驼成队往来。而与外蒙之贸易，经营者规模最大者首推大盛魁、元盛德、天义德，它们也是专走外蒙的三大商号。就大盛魁一家，就自养骆驼六百余头，平时放在蒙古草地牧养，“必需时始驱之来”。

（冯晓光）

青砖茶与新疆茶政

赤壁羊楼洞生产的砖茶自明代中叶就销往新疆地区，并且深受当地群众喜爱。《湖北通史 · 明清卷》记载："蒲圻所产茶叶的外销，为山西、广东商人所垄断，山西商人将茶叶运往西北地区的内蒙古、新疆销售，广东商人则将茶叶运往南方各省销售。"

《武汉市志 · 前志补遗 · 茶叶贸易》也记载："明代以后，两湖茶逐渐取代川陕茶，远销蒙古和新疆。为便于长途运输，明代即有制作茶饼者，到19世纪中期制茶技术有所改进，由制茶饼改为制砖茶，以手操作压成青砖。两湖砖茶的制作，集中在湖北蒲圻羊楼洞一带，规模最大的仍为晋商茶庄。"

新疆迪化城

蔡家艺先生撰写的《清代新疆茶务探微》中称："晋茶大都是山西商人采自湖北、福建等地，在当地自行收购加工，经由河南、山西以达张家口、归化，请领理藩院印票，贩运至新疆各地。"其实福建茶区后期因太平天国占领南京而中断采办，湖北成为主产地。

《新疆政见》（罗迪楚著）云："新疆自准部用兵，分南北两道，南军由关陇，北军由蒙古及草地，而商路亦遂因之。南商川、湖、江、豫、晋、陕，由甘肃出嘉峪关至新疆古城；北商奉、直、晋由张家口、归化城，专行草地，所谓山后买卖路，亦至新疆古城。"南商运销湖南安化之茶，故称"湖茶"；北道运销湖北羊楼洞之茶，在羊楼洞、汉口制造，改称"晋茶"。

1875年，左宗棠收复新疆后，着手整顿改革西北茶务。由于左宗棠是湖南人，可以理解他有一些向着湖南的"私心"。左宗棠以"晋商逃散、甘肃茶引无人承课"为由"将新疆并入湖南引地之内，以资直补"。从这时起，甘肃、新疆等地区开始将湖南安化所产黑茶列为"官茶"，而将羊楼洞所产的砖茶降格为"杂茶"。

《新疆图志·食货志》就有将羊楼洞产"帽盒、桶子、大小块砖茶"通通列为"杂茶"的记载："查甘省官茶，向引西、甘、庄三司，而甘司则直达新疆南北两路，是新疆本官茶引地。承平时，晋商自蒙古草地兴贩各色杂茶，有红梅、米心、帽盒、桶子、大小块砖茶等名目，自伊犁地方，官为设局抽税，由将军监督抽税。"

左宗棠明知羊楼洞所产的砖茶在新疆边民中影响至深，所以他也显得有些敏感或底气不足。光绪五年（1879），左宗棠在其《覆陈边务折》中说："惟南疆吐鲁番八城缠回，见砖茶则喜，谓承平时湖茶非私贩筒子茶可比，惟地方新复，销数尚未能畅。"

后来，随着形势的发展，青砖茶再次成为新疆各族人民饮用的重要茶类。

一是新疆各族人民对青砖茶喜爱有加，导致走私横行，官府只好顺应民心。据1906年《商务官报》[第21期]刊登的《设立新疆茶务公司之计划》记载："新疆茶务自乾嘉以来，即系近处商人贩运，由归化城取道蒙境，以至古城纳税销售，名曰古城茶税，载在户部则例光绪初年由甘肃奏改茶政，始有湖（湖南）商贩茶，而指晋商为私。然蒙哈以砖茶宜于煎乳远胜湖茶，故乐购晋商之砖茶，致湖茶销路不畅，税亦减色。近年以来，湖商业已仿制砖茶垄断居奇之事时有所闻，伊犁长将军以蒙哈乏食，必至购食他国之茶，非亟图挽救难免利权外溢因，拟由官集股设立新疆茶务公司，无论何省商民均可入股，官商合办以昭公溥，业将此意审告商部矣。”这说明新疆人民对砖茶喜爱有加。

二是清政府以青砖茶应对“俄茶倒灌新疆，以茶治边”。伊犁将军奏议《新疆茶务情形》中描述：“因光绪七年条约，俄国人民准在中国蒙古地方贸易照旧不纳税，并准俄人在新疆各城贸易暂不纳税已故，凡在南北两路贸易者，俄商无税，华商有税，俄商已据优胜地步。而同治八年改订陆路通商章程内载，又有不设官之蒙古地方。如该商欲前往贸易，中国亦断不拦阻等语。查蒙古地方荒远，本难稽查，有此约章，则俄商在未设官之蒙古地方零星散售，更属无从查阻。况伊塔与俄壤毗连，两国界上往来之人如织。而光绪七年改订通商章程，又载两国边界百里之内，准两国人民任便贸易，现当俄国经营商务，正在新疆伸展权力，而我沿边与蒙古错处之哈萨克及中俄两界，阡陌相连之缠回，日用所需之物无一不系俄商货品，若食茶再容俄商倒

灌，则其商权益张矣。”

《清德宗实录》记载：“松蕃奏：‘新疆伊塔一带，本系南商官茶引地，近因晋商私茶充斥，官运滞销，现南商另请新票，赴湖北羊楼洞采办茶砖，送至关外各处行销，应准其试办，下部知之。’”

《新疆图志》记载：“旧发茶票三百五十张，南商改办晋茶（砖茶），续发茶票一百五十张。伊犁创办公司，请发茶票三百五十张，常年销数。”

光绪三十二年（1906）八月，伊犁将军长庚与前将军马亮奏请试办“伊塔茶务公司”，由官商合办。后因资金周转困难，宣统二年（1910），被新任伊犁将军广福奏请改为商办公司。在他们拟定的十条章程中，有“公司专营茶叶，所办茶类以红梅为主，川块次之，米心、觔砖又次之”和“在湖北羊楼洞设厂制造，运输路线循汉口、张家口、归化城，取道蒙古草原直驱伊塔”等涉及羊楼洞青砖茶的重要条款。这里所说的“川块”，应该就是“川”字青砖茶。

（冯晓光）

万里茶道第一茶

一、万里茶道的“造就”

横跨亚欧大陆的“中俄茶叶之路”，是继丝绸之路的又一条国际商路，其开辟时间比丝绸之路晚一千多年，其商品负载量及其经济意义却是巨大的。赤壁的羊楼洞就是这条茶叶之路的起点之一，集散地则是汉口。晋商的智慧与辛勤，羊楼洞优越的地理位置，青砖茶的品质特点与功能，极大地造就了一个“世界历史茶系列品牌”：

青砖茶驿站油画（黄继先）

羊楼洞——“世界第一历史茶叶名镇”，世界商贾精英齐集羊楼洞，人口近四万人；

青砖茶——“万里茶道第一茶”也即“世界第一历史名茶”；

老汉口茶市——“世界第一历史茶市”“世界茶都”；

老汉口茶港——即“东方茶港”“世界第一历史茶港”“天下茶船齐集汉口港”，“最多时二万五千余艘连绵三十余里”。

俄罗斯历史银行“第一历史茶税收”——“占全部税收的三分之一”。

二、老汉口因砖茶而兴盛

1874年俄商将羊楼洞的三座砖茶厂搬迁到汉口，1893年又在上海路口设柏昌茶厂。顺丰茶厂在江边辟有顺丰茶楼码头，这是武汉三镇第一座工厂专用码头。1874年，俄国茶商改用蒸汽机和水压机制作砖茶，成为武汉地区第一批近代产业，其中泰丰茶厂是中国最早使用机器生产的外资企业之一，成为武汉近代工业的开端。受雇于俄国茶厂的工人，是武汉最早的一批近代产业工人。据

兴商公司砖茶仓库

欧亚万里茶道源头纪念碑

《武汉近代（辛亥革命前）经济史料》记载："砖茶一项，几为俄国惟一市场"，"汉口之茶砖制造所，其数凡六，皆协同俄国官民所设立者，其旺盛足以雄视全汉口"。之后半个多世纪里，汉口俄国茶叶贸易公司多达数十家，一时之间，"汉口烟筒林立者，即俄商以机器制茶之屋也"。其中顺丰、新泰、阜昌、源泰四家财势最大，被称为汉口"四大俄商洋行"，一共拥有蒸汽动力砖茶机十五部，茶饼压机七部，雇佣工人共8 900人，他们将在汉口压制的青砖、米砖、花砖等各式砖茶远销国外。特别是青砖茶，出口贸易日益兴旺，跃居全国首位，使汉口成为中国近代砖茶工业的诞生地，成为世界砖茶之都。

三、青砖茶的"世界第一"

青砖茶抓住了万里茶道的发展机遇，产生了当时世界上"最大的茶经济流"、"最大的茶交易额"、"最大的茶税收"、"最大的茶幅员"、"最大的茶人口"、中国的"最大茶辉煌"。青砖茶是当之无愧的"万里茶道第一茶"。如果就其当时世界"茶份额"而言，青砖茶也可以说是当时的"世界历史第一茶"。

1918年粤汉铁路（今京广线南段）与京汉铁路通车，在西距羊楼洞4 000米的地方设了一个赵李桥火车站，青砖茶可直接由赵李桥上火车北运，而不再经水路。羊楼洞优越的地理位置，青砖茶的耐存放，运输方便，它的耐泡耐煮，都是其"造就"的重要因素。

（黄木生）

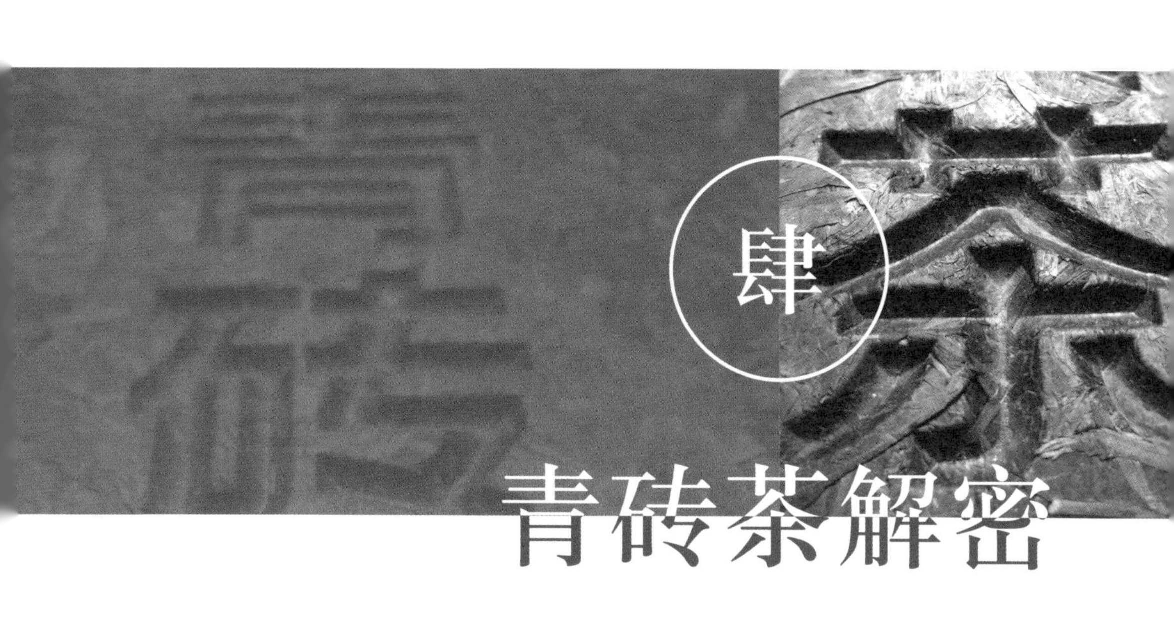

肆 青砖茶解密

赤壁茶树的种植

一、茶树种植的自然条件

地理条件 赤壁地处鄂南边陲，为幕阜山的低海拔丘陵与江汉平原的接触地带，地势由南向北逐渐倾斜。南部为海拔500米左右的低山群，最高为赵李桥镇柘坪村的观音尖，海拔852米。中部为丘陵地带。北部滨江滨湖地区为海拔50米左右的冲积平原。长江流经西北边界，境内潘河、陆水河、新店河、汀泗河等河流纵横，大小湖泊星罗棋布，水系发达，是较佳的茶树种植区。特别是西南部低山区的向阳背风山坡和陆水库区具有冬暖夏凉的小气候优势，更有利于发展茶叶等经济作物，驰名中外的羊楼洞古茶区就在该地。

气候条件 赤壁属亚热带季风气候，四季分明，雨量充沛，雨热同季，非常适宜茶树生长。年均气温17.2℃，极端最高气温41.5℃，最低气温－14.6℃，最高全年≥10℃活动积温5 360.2℃，年平均日照时数1 736小时，年平均降水量1 604毫米。每年4～10月农作物自然生长期内平均降水量为1 170毫米，约占全年降水量的75%。

土壤条件 赤壁市土壤主要有红壤、黄棕壤和石灰土。土壤质地一般为中壤到轻黏，pH 5.1～6.6；土壤有机质含量丰富，自然肥力高，非常适宜栽植茶树。因幕阜山余脉分布，幽涧清泉，烂石砾壤，弥雾沛雨，独特的气候、土壤、水分等自然条件为茶树的生理和生化代谢提供了优异的生态环境，成就了赤壁老青茶优异的天然品质。

二、茶树的种植技术

茶树品种 茶树属于多年生经济作物，品种较多。选育、繁殖与推广良种，对提高茶叶单产、改进品质、增强抗性、扩大种植区域等方面都有显著作用。新中国成立前，蒲圻地区茶树品种单一，但有许多外地茶树品种流入羊楼洞茶区。经过数代茶人的改良纯化，这些外来茶树品种逐步适应当地环境，生长良好，形成了今日以松峰茶为主的茶树群体品种。以此茶树群体品种加工制作的老青茶，品质优良，并铸就了著名的“洞茶”。新中国成立后，除本地栽培的茶树群体品种外，还从四川、云南、贵州、浙江、湖南、安徽、福建等地引进多个茶树新品种。经过种籽繁殖多年而发生变异，逐渐演变为多种有性系茶树品种混杂存在的状态，实际成为杂合茶树群体品种。20世纪80年代初，原国营蒲圻羊楼洞茶场走“外引”与“自繁”相结合的道路，培育良种初见成效。至1986年，该场先后从福建、浙江、湖南等地引进福鼎大白、槠叶齐、龙井43、福安大白等共11个茶树良种，还初步选育出松峰4号、松峰9号、松峰10号和松峰21号四个地方优良品系。自2010年起，赤壁市被纳入国家茶叶产业技术体系示范县（市），在体系黄冈试验站专家们的带领下和赤壁市茶产业发展局的指导下，开始对茶叶氟超标的问题进行专项治理，并引进中茶108、中茶302及鄂茶1号等优质低氟高产国家级良种。经过几年的推广，当前全市新建茶园80%以上为这些茶树良种。

茶树繁殖　明清时期，许多晋商在羊楼洞收购茶叶，将更多的茶树种植技术带到蒲圻，因此蒲圻茶农们学会了坑种法、育苗移栽法、茶花间作法及压条法等种茶方法。新中国成立初期，蒲圻县茶区仍沿用老式茶树种植法，《中国茶讯》中曾有“该地茶树栽培方法有直播法、插枝法、分株法、更新法（即台刈）等”的报道。至当前，茶树良种的繁殖方式主要有无性繁殖和有性繁殖两种。无性繁殖是利用茶树营养器官或体细胞等来繁殖后代，主要有扦插、压条、分株、嫁接、组培等方法。无性繁殖能保持良种的特征特性，使后代性状一致，有利于茶园管理和茶叶机械化采摘，还有利于开发优质茶，增加经济效益。20世纪80年代，羊楼洞茶场逐步实现良种“自繁、自育、自给”，并从湖南省茶叶研究所引进容器雾化育苗技术，年育苗量从180万株扩展到400万株，为全市发展无性系良种茶园提供了大量优良种苗；而后，推广应用丰产茶园栽培技术、生根粉发根技术、遮阳网覆盖技术等新型茶树栽培技术，并于1996年建成湖北省最大茶树良种繁殖基地。截至目前，赤壁已建成无性系良种茶园5万亩，扦插繁育良种茶苗1 000万株，为促进茶园良种化打下了基础。有性繁殖是利用茶树种籽进行繁殖，其采种、育苗和种植方法相对简单，有利于良种推广，还有利于引种驯化和提供育种材料。2013—2015年，赤壁选用中茶108、鄂茶1号、槠叶齐等良种的种籽，发展有性系良种茶园4万亩。

建园技术　赤壁境内茶园一般位于丘陵地带。新茶园在开垦之前，需先进行地块平整。对平地及15°以内的缓坡地，按“大弯随势，小弯取直”的原则开垦。坡度在15°～25°、地形起伏较大的地块，采取建立宽幅梯田或窄幅梯田的办法，以保水、保土和保肥，并便于引水灌溉；梯田宽度60～80厘米，同梯等宽，梯田外高内低，外埂内沟，梯梯接路，沟沟相通。生荒地需进行初垦和复垦，初垦以夏、冬季为宜，深度为50厘米；复垦在茶树种植前进行，深度为30～40厘米。赤壁新建茶园大多采用茶籽直播和茶苗移栽两种种植方式。直播茶籽时间为：春季播种于3月前，秋、冬季播种于10～12月；

春播时进行浸种、催芽，每亩播种量5～6千克，每丛播4～5粒茶籽，覆土3厘米左右。为提高茶园作业效率，推广普及茶园机械化管理，对2013年以后新辟茶园做了统一管理要求：移栽茶苗时间为3～4月或11～12月，全市采取机耕0.5米深垦整地；定植规格为双行双株，即大行距1.7米、小行距0.33米、丛距0.3米，每亩种植基本苗5 200株左右。移栽前用多菌灵水溶液浸根消毒，移栽时保持根系原状，便于根系舒展，边覆土边浇安蔸水。

三、茶园管理技术

幼龄茶园管理 幼龄茶园管理好坏决定茶园是否丰产，赤壁对幼龄茶园采取的栽培管理措施主要有：

适度遮阴和防旱：对新栽的幼龄茶园，最初需要注意遮阴和防旱；可覆盖遮阳网，注意及时喷灌，可有效提高幼苗的成活率。

除草：春、夏季节雨水较多，杂草生长旺盛，此时除草坚持除早、除小、除净的原则。之后，按茶园生产季节还应进行3～5次耕作除草，春茶前中耕10～15厘米，春茶后浅耕10厘米左右，夏茶后浅耕7～9厘米。在除草的过程中，防止损伤茶苗根系，防止松动茶苗根部土壤。

排渍：对地势较低的幼龄茶园应加强排渍管理，注意深挖排水沟，防止渍水。

施肥：在茶苗栽植前，应在种植沟底重施基肥；栽植后，冬季应结合深耕在行间施一定量的基肥，来年春季使用一定量的速效肥；随着茶苗的生长，施肥量适当增加，以重施有机肥、适量施速效肥为好。

定型修剪：在茶苗栽植时，对符合第一次定型修剪的茶苗即进行修剪，修剪好后再栽植，也可栽植后再修剪。对幼龄茶园需进行2～3次定型修剪，确保形成足够多的生产骨干枝，为丰产打下基础。

成年茶园管理 对成年茶园同样需要加强管理，才可以源源不断地实现优质高产，具体做法主要有：

施肥：过去赤壁茶农中流行“茶树不要粪，一年两道棍（挖）”的说法，在茶园中施肥偏少；20世纪60年代末开始，茶农们更新观念，改变茶园管理方式，注重土壤改良，提高施肥水平；70年代后，茶农除了继承春锄、伏挖、秋耕这些好的耕作制度外，还提倡追施化肥；80～90年代，各茶园施基肥以饼肥、农家肥为主，兼施磷肥、钾肥，追肥仍以尿素、碳酸氢氨为主；21世纪开始，茶园基肥仍以饼肥、农家肥为主，追肥主要为茶树专用有机肥。

除草：过去赤壁茶园长期依赖于人工除草，到20世纪90年代开始使用除草剂除草；当前，为创建绿色基地和有机茶园，全市范围内茶园禁用除草剂，茶园除草多以机械除草和人工除草相结合。

修剪：为维护茶园生产力，需要常年进行茶园修剪；一般是每季茶结束后，均需进行一次轻修剪，使茶蓬面平整，便于采摘；每隔3～4年，春茶结束后对茶园进行一次深修剪，以使茶蓬维持在适当的高度，以利于采摘，同时也可防止形成鸡爪枝。

低产茶园管理　因茶园栽培管理或茶树衰老等原因，会形成低产茶园。低产茶园需要进行改造，才可以恢复生产力。低产茶园的改造无外乎有改土、改树、改园等方式，但需结合茶园低产的具体原因来采取有效改造措施。对因肥力低而造成的茶园低产，如树势依然保持健壮，则可考虑改土、重施基肥等措施，提高土壤肥力，快速恢复茶树生产力；如树势呈现衰老状态，在改善土壤肥力的同时，还需结合修剪，去掉衰老枝叶，重新恢复茶树生产力。对因茶树树龄导致的低产，则需考虑台刈或换种。

病虫害的防治　21世纪初开始，赤壁茶园广泛推广无公害化生产防控技术，由“见虫打虫”改为结合病虫害预报进行科学防治。茶园病虫害由过去以化学农药防治为主，改成以农业、生物、物理等方式进行综合防治为主，逐步实现绿色防控。

化学防治：结合病虫害预报，合理选用、适时施用化学农药。合理轮用和混用化学农药，逐步减少化学农药使用量，以求达到安全、经济、有效的防治茶叶病虫害要求。当前赤壁茶园实现了使用高效低毒农药为主，完全禁止使用高毒高残留的化学农药。同时，严格遵守用药安全期，实现茶叶农药残留安全。

物理防治：赤壁茶园大部分均采用物理方式防治病虫害，每年6月底至11月底使用目标性的黏虫板进行诱杀，按30张/亩黏虫板垂直插入茶蓬间，色诱害虫防治效果好。另外，不少茶园常年使用杀虫灯诱杀茶小绿叶蝉、茶毛虫、茶尺蠖等害虫，也有很好的治虫效果。

生物防治：赤壁从2012年开始，茶园病虫害均实施生物防治，包括害虫天敌和生物农药防控，害虫天敌以虫治虫。使用的生物农药主要有茶尺蠖病毒、白僵菌、绿僵菌、苏云金杆菌（BT）制剂，以及一些植物浸提液。

绿色防控：绿色防控技术是一项以“生态调控、理化诱控、生物防治、科学用药”为主体的病虫害防治新技术，对于减少茶园化学农药的使用、降低茶叶中农药残留风险和提高茶叶卫生质量安全水平可以起到很好的推动作用。随着全省开展茶园绿色防控技术的推广与应用，得到了茶农、茶企的积极配合，推广以“三诱、三治、三割”为核心内容的绿色防控技术，即“以虫治虫、以菌治虫、以微生物治虫”和“以色诱、性诱、光诱”，以及在春、夏、秋季害虫孵化高峰期，分别割茶的办法减少茶地虫源，减少化学农药的使用。当前赤壁大部分茶园病虫害基本实现了绿色防控，明显地降低了茶叶中农药残留和提高了茶叶质量安全。

四、鲜叶采摘技术

合理采收　茶树采摘的对象是新梢上的芽叶，芽叶的质量与老青茶的品质直接相关，而采摘的芽叶数量影响到茶叶的品质与产量，还影响到茶树的生育健康程度。因老青茶生产的特殊性，赤壁茶园形成了特有的鲜叶采摘模式。赤壁境内的大部分茶园均是老青茶专用茶园，不用于生产名优茶等其他

茶类产品。在进行老青茶鲜叶采收时，需进行合理采摘，需处理好采摘与留养、采摘质量与数量、采摘与培肥管理等的关系。在幼龄茶树树势还不十分健壮，如果过早过强采摘，易造成茶树生育不良、茶树早衰、有效经济年限缩短等问题。如果留叶过多，或不及时采去顶芽和嫩叶，会多消耗水分和养料，容易造成分枝少、发芽稀疏，从而影响茶叶产量。茶树采大采小、采嫩采老、采早采迟，都与茶叶的数量与质量密切相关。只有在采摘上强调量质兼顾，才能取得优质、高产、高效的效果。合理采摘必须建立在良好的管理工作基础之上，只有茶园水肥充足，茶树根系发育良好、生长势旺盛，才能生长出量多质优的正常新梢，才有利于处理采与留的关系，才能做到标准采和合理留，达到合理采摘的目的。

采摘标准　采摘标准指从一定的新梢上采下芽叶的大小标准。确定采摘标准，虽因条件而异，但除一些特种茶类外，大多数的茶类有着共同的客观指标和依据。这些客观指标，一方面表现在芽叶的有效化学成分上，另一方面表现在新梢的特征上。赤壁境内茶园多用于生产老青茶，鲜叶采摘的成熟度比较高，其标准待新梢充分成熟，新梢基部已木质化且呈红棕色时，才进行采摘。采摘这种成熟度较高的原料，是老青茶形成自身特有品质的需要，也是老青茶区别于其他茶产品的原因之一。

机采技术 制作老青茶的鲜叶采摘，一般均是使用采茶机进行采收。因树龄不同、树势不同，采摘强度与留养要求不同，具体的机采方法也会不同。树龄不同，老青茶采摘方法也不同。幼龄茶树属树冠培养阶段，经过2～3次定型修剪，树高达50厘米以上，树幅达80厘米时，可以进行轻度机采。更新茶树的采摘方法，需根据修剪程度而定。壮龄期是茶树高产及稳定阶段，在机采时春、夏茶留鱼叶采，秋茶根据树冠的叶层厚薄情况适当提高采摘层，采养结合。机械采摘，虽缺乏人工的可选择性和灵活性，但只要给予科学的栽培管理，培养合理的树冠，运用熟练的采摘技术，就能使采摘质量和产量都得到保证。

贮运保鲜 茶鲜叶的质量直接影响成品茶品质，做好鲜叶采回后的验收分级，运输途中和进厂后的保鲜，是一项十分重要的工作。鲜叶贮运，从采收角度而言，是保证鲜叶品质的最后一关。采下芽叶放置的工具、放置时间，以及装运方法等均会影响鲜叶质量。鲜叶采下后，要及时采取保鲜措施，并按不同级别，防止发热红变，避免产生异味和劣变。为了做好保鲜工作，鲜叶应贮放在低温高湿通风的场所，适于贮放的理想温度为15℃以下，相对湿度为90%～95%。鲜叶贮放的厚度，春茶以15～20厘米为宜，夏、秋茶以10～15厘米为宜，具体需要根据气温高低、鲜叶老嫩和干湿程度而定。

（黄友谊　朱琳琳）

青砖茶生产工艺

青砖茶生产工艺主要分为六大工艺过程，每个工艺过程对青砖茶品质都有重要影响。青砖茶收藏是青砖茶品质转化提高的主要过程。一般来说越陈越香，主要是收藏过程所产生的品质累积概念。

一、青砖茶初制工艺过程

青砖茶初制工艺又被称为老青茶毛茶加工过程，是形成青砖茶品质特征的初始起步阶段，其主要加工工序分别为：采割→运青→晾青→杀青→揉捻→晒干→老青茶毛茶。

老青茶毛茶又分为面茶和里茶，其中面茶分为洒面茶和底面茶（又称为二面茶）。里茶基本上按前面的加工工序即可完成，但面茶则须增加揉炒次数，一般来说洒面茶要三炒三揉，底面茶要二炒二揉才可完成加工制作，从而形成其品

农舍　茶园　筛茶　选茶

质特征。

老青茶采割为“成熟采”，即一轮新梢从腋牙开始逐步生长发育，经历芽头、初展叶、全展叶、一叶、二叶、三叶、四叶、五叶、六叶、鱼叶，顶端形成驻芽，即可进行采割。

面茶在形成五叶时采割，即驻芽、四叶、五叶全枝叶。里茶则单割六叶留鱼叶采割全枝叶。其梗特点是面茶为乌巅白梗，里茶为红梗麻脚。目前采割嫩度较传统采割，都有嫩化趋势。

二、青砖茶渥堆工艺过程

渥堆工艺过程俗称为“发酵”，是形成青砖茶产品独特口感滋味、香气等内质要求的关键性工艺阶段。此阶段分为两个工艺过程：即小堆渥堆和大堆渥堆。

小堆渥堆工序有：毛茶投料→沱茶打散→定量加水→渥堆→翻堆→再渥堆→再翻堆→又渥堆→又翻堆→又渥堆，共10多道操作工序。

大堆渥堆工序有：成大堆→渥大堆→挖主沟→挖子眼→通风→逐渐干燥→陈化，共7道操作工序。

渥堆工艺过程时间最短需要6个月以上，最长2～5年。依据客户要求选择性进行控制。

三、青砖茶复制工艺过程

复制过程是相对前面初制过程而产生的概念，是形成半成品，进行产品质量把关控制的重要加工阶段。此阶段为批量产品统一茶叶品质，完成净度、筛分规格控制，承前启后确保青砖茶产品质量的重要加工过程，因此又被称为青砖茶质量把关的过程。此加工工艺根据青砖茶特色分为里茶半成品复制和面茶半成品复制两个系统来进行。

里茶复制加工工序有：拣杂→喂料→散沱茶→滚筒筛分→粗茶切碎→平圆筛分→分类风选去砂石→割脚去扬灰→风选去尘去毛衣→拣剔杂质→整理砂斗茶→复切→复筛→复风选→各路茶上堆→扒茶匀堆筑边→里茶半成品。

面茶复制加工工序有：拣杂→喂料→滚筒筛分去片末→平圆筛分去头子、去扬灰→分类风选去砂石→脱梗加工→色选梗叶分离→拣杂→上堆匀堆→净面茶半成品。

四、青砖茶压制工艺过程

青砖茶压制工艺过程是青砖茶产品初步成型的加工过程，是青砖茶品质特点形成的重要转化过程。此加工过程蒸制和压制是两个重点工序，其加工工序有：分类称料→入蒸茶盒→进蒸茶笼→蒸制→底面茶入模→里茶入模→洒面茶入模→盖面版→盖杉木翅→紧压→定位固定→出斗模→冷却定型→进斗模→回螺丝→起杉木翅→出砖→油底版→蒸面版→修边检查→热砖送烘，共计近20多道加工工序。

五、青砖茶烘制工艺过程

青砖茶烘制工艺过程是青砖茶产品去掉蒸制过程所吸收的水分，干燥产品是确保外形整洁、内质香气和品感滋味定型的重要加工工艺过程。加工工序有：热砖进烘→称量分类→外形分类→分类堆码→晾置→逐步升温→烘制干燥→报检→水分检验→净含量与外形检验→合格出烘→出烘青砖，共计近10多道加工工序。

晾置砖茶

六、青砖茶包装工艺过程

青砖茶包装过程主要是用包装物（包装纸、卡盒、包装外箱等）包装产品，是对产品建立产品防护性措施和美化标示措施的加工过程，是青砖茶产品进入市场的最后工艺阶段。其加工工序有：片砖出烘→外形检查→包白棉纸→包标签纸（或装卡盒）→喷批号→装箱→密封箱体→捆扎→外箱标识→成品检验→合格品入库等近10多道加工工序。

（甘多平）

青砖茶贮存与收藏

一、青砖茶贮存

青砖茶的贮存，是青砖茶产品进入商品化过程中的重要阶段，也是青砖茶品质不断提升的过程。一般来说，青砖茶越陈越香的上升过程依靠的是合理的贮存条件来实现的。新出烘的青砖茶产品一般会有一股燥热，很适合内蒙古牧民们熬制奶茶的需求。但对内地消费者品饮来说必须要有一段贮存的过程，而且是越久越好，但是如果贮存条件不好可能适得其反。因此青砖茶的贮存条件，应注意以下几点：

防潮：青砖茶贮存至关重要，因为茶本身易吸潮，吸潮会严重影响茶品质。防潮包括：地面隔潮，最好用20厘米以上木质托盘或塑料托盘打底；空气防潮，南方季节多雨，要多注意空气防潮，最好安装除湿机排湿；房顶防漏雨、防大雪等。

通风：青砖茶贮存要求通风干燥，最好是采用自然对流通风，开通风门窗。

干燥：选择干燥凉爽的地方作贮存地，不要存放在潮湿低洼场所。

防异味：青砖茶易吸异味，所以要避免与其他有异味、刺激性的物品混放，防止被污染，同时也要保证周围环境无异味。

防暴晒：暴露或暴晒都会影响青砖茶品质转化，同时还会产生日晒味。

二、青砖茶产品的收藏

1. 收藏的选择

原料是基础，工艺是关键，贮藏是升华，要做好产品，首先要选好料。例如：野生茶原料、荒野茶原料、有机茶原料、高山茶原料、欧盟标准低农药残留原料、绿色认证基地原料、无公害基地原料等；同时青砖茶原料是老青茶，老青茶要求原料要有一定的成熟度，嫩度高的原料不太适合做青砖茶。

同时，还应选择知名企业的产品或者工艺大师制作的产品。选合理贮存条件的仓库贮存，定时或不定时开门，开窗对流通风。

2. 收藏的意义

“一年茶，三年药，十年宝”充分体现了青砖茶收藏的重要意义，陈年砖茶风味口感独特，汤色剔透，具有越陈越香的特点，这造就了青砖茶具有

广泛的收藏和升值空间，是真正能喝的古董。但目前市场上真假良莠混杂，一般消费者难以区分，现介绍几款“川”字牌青砖茶的大致特征：20世纪五六十年代的青砖茶是用草纸包装，在包装上没有明显特征，一般是通过产品的色泽、香气及特殊印记来识别，必须是专业人员才有高辨识的能力。70年代青砖茶以“川”字牌的“一片叶”包装为显著特征，但产品也应有相应的色泽、香气及特殊印记。80年代青砖茶包装一般为竹浆条纹，纸印刷字迹模糊的厂名等为显著特征，产品“中茶与蒙文茶字符”是凸版，色泽与香气等也应符合当时产品特点来识别。90年代以后的产品一般都有生产日期作为年份的识别。2000年以后的边销茶一般无产品特殊印记，内销产品与定制产品部分压印有年份字号可以直接识别。

（甘多平　龙雁华）

古人眼中的青砖茶

砖茶主要销往内蒙古、新疆、西藏、青海等西北地区及中西亚、欧洲等地，是高寒地带及高脂饮食地区少数民族人民的生活必需品。因其独特的原料和工艺，形成其独特的品质、功能。现在科研证明，砖茶（青砖茶）具有显著的降血脂、降血糖、护肝、降尿酸、调理肠胃、减肥、抗辐射等作用。对于砖茶在人们生活中的影响和功效，其实古人早有类似说法。

明代于慎《谷山笔尘》中记载：“六朝时，北人犹不饮茶，至以酪与之较，惟江南人良之甘。至唐始兴茶税。宋元以来，茶目遂多，然皆蒸干为

末，如今香饼之制，乃以入贡，非如今之食茶，止采而烹之也。西北饮茶，不知起于何时。本朝以茶易马，西北以茶为药，疗百病皆瘥，此亦前代所未有也。”

明代淡修在《漏露漫录》中，对蒙古族、哈萨克族、藏族等民族牧民饮茶助消化的功效评述为：“茶之为物，西戎土番，古今皆仰给之，以其腥肉之食非茶不消，青稞之热，非茶不解。”

《湖北羊楼洞区之茶业》记载：“查砖茶不独销售于俄国，亦为蒙古人之必需品。盖蒙人多食牛羊肉，非老砖茶无以销其油腻。”

《砖茶贸易今昔谈》中说：“蒙藏主销青砖茶，因这一带，气候寒冷，雨泽稀少，植物性的食物极感缺乏。游牧生活的民族，饮的是乳，吃的是肉，动物性的饮食，很容易引起消化不良。茶有分解油腻及促进消化的功能，所以游牧民族一日不饮茶精神便感觉不舒适，兼以是逐水草而居，迁徙不定。砖茶体积较小，而且成块，极便携带。因此砖茶在古代即成为蒙藏民族日常生活的必需品。”

《漫谈茶砖》也对砖茶功效做了深度记述：“蒙古与砖茶具切也有切不断的因缘，顾名思义，所谓砖茶乃是像一块砖那样的茶的集体。我们全知维特明（维生素）A、B、C，均为人体不可缺的重要成分，尤其是维特明C，若一缺失，极易染患坏血病，例如一般往南北极探险的人们，在旅途上，只能吃肉类的罐头，而得不到新鲜的蔬菜、水果，结果，多有染患坏血病的，因为蔬菜类所含的维特明C极为丰富。在蒙古一年之内，就有半岁以上过着冰天雪地的冷冬生活，自然看不到什么青菜水果。他们的食物，只能有羊肉和羊奶，按理是很容易患坏血病的，但是实际上却不如此，这是什么道理呢？原来蒙古人很能吃茶，茶之为物，不论在科学上还是经验上都很确切的含有丰富的维特明C。”

《漫谈茶砖》还记载：“不论是外蒙内蒙，不论是新疆、宁夏，到处全可称之为茶叶之世界，若说他们是以吃茶度活，虽然像是不可思议，但却是事实，他们就寝时要吃茶，起床时要吃茶，每天过着这样茶肚子的生活。自然大陆空气干燥，是其吃茶习惯的一个原因，但是上述的生理关系——除了肉和乳以外，还要自茶中摄取完全的营养，也是一个重要的原因。”

（冯晓光）

解开青砖茶功效之密

有一段时间，湖南农业大学刘仲华教授的实验室热闹非凡。原来实验室引进了1 000只小白鼠，做试喝赤壁青砖茶的实验。刘仲华教授每隔几日都要去看看这些白鼠的形态，它们各有不同，有的逐渐变胖、有的逐渐变瘦，病情有的逐渐好转、有的逐渐严重。都是白鼠，为何如此不同呢？这就是因赤壁青砖茶而引起的1 000只白鼠的不同命运。千百年来，我国的内蒙古、新疆、西藏、青海等少数民族人民常有“宁可三日无食，不可一日无茶”之说，我们只能说事实和代代口传，但预知科学解释，我们难说其二。

2015年国际茶业大会前夕，赤壁市筹集资金启动了青砖茶保健功能开发研究计划，委托国家植物功能成分利用工程技术研究中心、国家教育部茶学重点实验室、北京大学衰老医学研究中心和国家中医药管理局亚健康干预技术实验室，以赤壁青砖茶为研究材料，从现代科学角度诠释青砖茶的保健养生功效并探明其作用机理。因此，也才有了刘仲华教授和这1 000只白鼠的忙碌及热闹。

赤壁青砖茶是中国黑茶家族的重要成员之一，以老青茶作原料，经压制而成的青砖茶，外形像长方砖形，色泽青褐，汤色红黄，浓酽馨香，滋味醇正，回甘隽永。青砖茶主要销往内蒙古、新疆、西藏、青海等西北地区和蒙古国、格鲁吉亚、俄罗斯、哈萨克斯坦等国家。在传统的青砖茶销区，人们离不开青砖茶，不仅因为它可生津止渴，更因其具有化腻健胃、降脂瘦身、

御寒提神、杀菌止泻等独特功效。

随着我国社会经济的快速发展，人们的生活水平日益提高，食物结构发生了巨大的变化，高脂肪、高蛋白、高糖分的摄食比例不断增多，加之诸多不利的环境因素、日益加快的生活节奏、日趋加重的工作压力，越来越多的人身体处于亚健康状态，高血脂、高血糖、高血压、高尿酸人群，肥胖人群，肠胃功能紊乱人群的比例在不断提升，亚健康群体的年龄日趋年轻化。因此，人们一直在寻求一种温和的、安全的、轻松愉悦的保健养生方式。这些年来，越来越多的青砖茶消费者深深地感受到，品饮青砖茶后其身体代谢机能得到了明显的改善，健康状况也得到了有效的改善。

经过一段时间的实验，通过对1 000只白鼠体重、肝脏等多项生理指标的观察，赤壁青砖茶具有以下几个方面的作用：

降血脂　“脂”是多种综合病症的罪魁祸首，脂质代谢紊乱导致脂肪

肝、肥胖症、冠心病等许多疾病，因此，寻找有效的预防和控制脂代谢紊乱的食物或药物，对于有效预防或治疗脂血症及其代谢相关疾病，具有很重要的现实意义。通过对正常对照、模型组、阳性药组，以及青砖茶水提取物低剂量组、高剂量组每天喂养高脂饲料，青砖茶水提取物实验组和阳性药组分别灌胃给予相应剂量的青砖茶水提取物及脂康，正常对照的给予等体积的蒸馏水。结果发现：长期喂饲高脂饲料的小鼠体重、肝重及肝体重比值明显高于正常组小鼠；经过喂低剂量、高剂量青砖茶水提取物实验组的小鼠，其体重、肝重及肝体重比值与模型组相比，全面下降。结果表明：青砖茶可激活低密度脂蛋白受体（LDLR），通过改善肝脏及细胞的代谢功能，提高肝脏的抗氧化活力，有效降低高脂小鼠血液中总胆固醇（TC）、总甘油三酯（TG）、低密度脂蛋白（LDL）水平，升高高密度脂蛋白（HDL）的水平，起到显著的降血脂效果。

青砖茶具有明显的降血糖作用 胰岛素不足和血糖过多引起糖、脂肪和蛋白质等代谢紊乱而引发糖尿病。糖尿病一旦控制不好会引发并发症导致肾、眼、足等部位的衰竭病变，且无法治愈。通过健康小鼠和高血糖模型小鼠相比，高血糖小鼠多尿、多饮、多食、消瘦。而灌胃青砖茶水提取物后，体重增加缓慢的情况得到了有效的改善。同时对正常对照组和高血糖模型组做血清和胰岛素监测，发现血糖浓度显著增加，灌胃青砖茶水提取物小鼠组血糖浓度比模型组显著降低，胰岛素升高，而且喝青砖茶水提取物多的小鼠组效果最为明显。结果表明：青砖茶可有效调控高血糖小鼠的胰岛素代谢水平，调控糖代谢与糖运转相关基因的表达水平，降低血清中血糖的浓度，降低餐后血糖升高的水平，减轻高血糖小鼠的临床病理学指标的不利变化，具有显著的降血糖效果。

青砖茶具有显著的减肥作用 高脂是导致一个人肥胖的重要原因，在高脂动物模型和细胞模型中，青砖茶可以通过有效抑制前脂肪细胞的分化而缩小脂肪细胞体积，抑制脂肪酶和淀粉酶活性、降低脂肪和淀粉食物的利用率，调控瘦素水平及糖脂代谢相关基因的表达水平，达到有效调控能量代谢与脂肪代谢，控制体重增长，表现出显著的减肥瘦身效果。

青砖茶可有效抵御和修复过量饮酒引起的酒精性肝损伤 中国具有千年酒文化，无酒不成宴、无酒不欢，其中肝脏作为酒精代谢的主要器官，受害最为常见，同时过量饮酒还会引起消化、循环、神经系统的病变。因此设置正常对照组、模型

组、阳性组、青砖茶高剂量组、青砖茶低剂量组，除了正常对照组外其余小鼠用酒精灌胃，再分别给予蒸馏水、青砖茶等灌胃喂养，通过小鼠肝组织外观、组织与细胞切片的电镜观察和血清生理生化指标检测发现，青砖茶能有效提升小鼠抵御酒精引起的氧化性肝损伤的能力，修复酒精引起的肝脏代谢机能紊乱，减轻过量饮酒引起的肝脏病变，防护酒精性肝损伤。青砖茶不同饮用时间对酒精引起肝损伤的作用效果研究表明，不论饮酒前、饮酒中还是饮酒后喝茶，青砖茶都具有不同程度的抵御或修复效果，且表现为饮酒前的效果最好，饮酒中其次，饮酒后再次。

青砖茶可有效降低血尿酸水平，具有预防和改善痛风的作用 痛风是一种慢性代谢紊乱疾病，以血中尿酸增高为特点，因为高尿酸血症与痛风、心脑血管疾病、高血压病、高脂血症、糖尿病等很多疾病具有密切相关性。因此设置了正常对照组、高尿酸模型组、阳性药物组、不同青砖茶剂量组，正常对照组和高尿酸模型组每天灌胃生理盐水，阳性药物组隔天灌胃一次别嘌醇，不同青砖茶剂量组灌胃不同剂量的茶汤。7天后，通过相应处理，对血尿酸浓度及对促进尿酸转化的腺苷脱氨酶和黄嘌呤氧化酶进行监测。青砖茶剂量组可降低小鼠血尿酸的浓度和尿酸转化酶的活动，有效地降低了尿酸的浓度和形成，也就降低了痛风的发病率和改善了痛风的病情。通过高血尿酸动物模型研究发现，青砖茶可有效减低小鼠腺苷脱氨酶和黄嘌呤氧化酶活性，调控动物的蛋白质代谢和嘌呤代谢，表现出明显的降低尿酸作

用，且高剂量表现效果尤为突出。

青砖茶可有效平衡肠道微生物菌群，具有显著的调理肠胃作用 赤壁从古至今都有一个妙方，就是当小孩拉肚子的时候找点老青砖茶，喝后立即就好。为何有如此效果呢？因为人的肠道内寄居着种类繁多的微生物，这些微生物都是按照一定比例组合，各菌群相互拮抗。一般情况下菌类处于平衡状态，一旦失去平衡，就会引发各种疾病。因此，对实验小鼠进行青砖茶灌胃处理，一定的天数后对粪便做相应处理再进行检测，与正常组进行比较，肠道内的双歧杆菌、乳酸菌、大肠杆菌和肠球菌数量均发生了明显的变化，正常对照组的各种菌没有明显的变化。结果表明：通过小鼠饲喂实验发现，青砖茶可以有效增加肠道中双歧杆菌、乳酸菌等有益菌的数量，减少大肠杆菌、沙门氏杆菌、金色葡萄球菌等有害菌的数量，起到平衡肠道微生物菌群分布、有效调理肠胃的功能。

青砖茶具有显著的抗辐射作用，可有效抵御紫外线辐射、预防皮肤细胞光老化 辐射分为电离辐射和非电离辐射，电离辐射是一种核辐射，日常生活中较少见，但是非电离辐射如紫外线、红外线、手机、微波、电脑、电视等辐射却不可避免，这些会加速皮肤老化甚至引起各种疾病。通过对皮肤成纤维细胞L929受紫外线辐射做对比试验，用青砖茶水的提取物孵育后，再对L929纤维细胞的大小、轮廓、形状进行对比观察及对处理后的流式凋亡情况进行监测，发现紫外线对L929细胞损伤较重，而经过青砖茶水提取物预处理后的细胞则可以有效地抵抗紫外线的损伤。结果表明：青砖茶能有效清除紫外线辐射产生的过量自由基，增强皮肤细胞的抗氧化力，对紫外线辐射引起的皮肤细胞损伤具有较好的保护作用。皮肤光老化是紫外线辐射引起皮肤细胞衰老的现象，大鼠皮肤紫外线辐射试验研究表明，青砖茶可有效抵御紫外线对皮肤细胞的损伤，还可预防和修复皮肤的光老化。

（汪仁敏根据《赤壁青砖茶解密》整理）

青砖茶功效研究及其成果综述

青砖茶因其独特的原料和工艺，形成了其独特的品质和功能。目前，越来越多的学者将青砖茶的营养及抗病功能纳入其研究范围，以下是部分关于青砖茶的研究及其成果综述。

华中农业大学陈玉琼等的长期跟踪实验：验证青砖茶具有显著减肥和辅助降血脂及抗氧化的功效。陈玉琼教授等的长期跟踪实验证实，青砖茶中的氧化有效成分能溶解脂肪，并促进脂类物质排出，降低血液中总胆固醇、游离胆固醇、低密度脂蛋白胆固醇及三酸甘油酯的含量，从而减少动脉血管上的胆固醇沉积。所以，青砖茶具有显著减肥和辅助降血脂及抗氧化的功效，且明显优于其他茶类，陈年（10年以上）青砖茶效果更佳。除此之外，青砖茶中富含茶多酚、氨基酸、黄酮、儿茶素、茶褐素等物质，在一定浓度下，有很好的抗羟自由基作用。自由基是游离存在的带有不成对电子的原子或原子团。目前已知自由基与衰老、肿瘤、辐射损伤和细胞吞噬等有很大的关系，而羟自由基是已知活性氧中对生物体毒性最强的一种自由基。

华南农业大学园艺学院茶学系袁思思等对青砖茶主要品质成分进行了实验研究：实验证明，青砖茶的主要品质成分包括水浸出物、茶多酚、氨基酸、咖啡因、糖类、微生物等。青砖茶有减肥的效用，且贮藏10年的青砖茶减肥效果优于当年青砖茶。经过微生物发酵的青砖茶对过氧化物酶体增殖物激活受体（PPAR）具有激活作用，PPAR对营养物的代谢和存储有重要作用，它也是多类化合物的主要靶标，这些化合物有些已被成功地用于治疗糖尿病和异常脂血症等慢性疾病。

南京农业大学农业部农业环境微生物工程重点开放实验室陈云兰等关于散囊菌的研究：该研究首次从康砖和青砖茶中分离得到一类真菌，通过接种实验和生物学特性调查及菌种鉴定，证明了这些菌株与茯砖茶中的冠突散囊菌类似，说明在康砖和青砖茶中，“金花”的出现被认为是茶叶变质表现的看法缺乏科学根据。

医院临床关于砖茶氟的防龋功效及其应用的研究：临湘市人民医院医生张

云桂等经过一年的饮茶防龋试验检测证明，饮茶有利于口腔卫生，减少产酸菌的滋生，有十分明显的抗龋作用。青砖茶防龋效果较好，因为它含氟量高，一般为250～300毫升/千克，居各类茶之首。从成本、效果及口感滋味上全面权衡，建议长期饮用青砖茶，可保持口腔清洁。

华南农业大学园艺学院赖幸菲等对三种品质生化成分进行研究：通过比较三种砖茶中各种生化成分含量的差异，分析了不同加工工艺对砖茶生化成分及成茶品质风味的影响。实验结果表明，青砖茶的水浸出物、茶多酚、咖啡因、游离氨基酸及三种色素的含量较低，可溶性糖的含量较高。青砖茶的原料最为粗老，自然发酵时间长，可溶性糖含量高，其品质表现为香气纯正，滋味甘甜。

湖北省机械研究所吴星章等对传统青砖茶制作过程中理化变化进行了初步分析：通过对青砖茶传统生产工艺的剖析性试验可知，砖茶传统生产工艺的适度发酵条件，可以用控制发酵温度和发酵茶的茶多酚转化率及其氧化产物茶红素含量与茶叶水分作为检定的标准。

（熊莹　综合整理）

青砖茶冲泡方法

撬茶：顺着砖茶纹理撬茶，面茶、里茶各适量。

备具：准备好泡茶器皿（紫砂壶、公道杯、滤网、品茗杯、水壶、水洗、茶道组、茶巾等）。

温壶烫杯：用开水将壶、杯冲淋一遍，以提升茶具温度。

投茶：将所要冲泡的青砖茶，投入主泡茶器中（紫砂壶或盖碗等），一般投茶量为7克左右。

醒茶：注入50～100毫升沸水，醒茶1～2分钟后，倒出第一次茶汤。

冲泡：醒茶后注入100～150毫升沸水，静置2分钟左右。

出汤：将茶汤倒入公道杯中。

分茶：将公道杯中的茶汤均匀斟入品茗杯中，以七分满为宜。

奉茶：将斟好的茶敬奉给客人。

品茶：先观汤色，再闻其香，随后品饮茶汤。

（李凤云 文字　郑姣 演示）

青砖茶煮饮方法

撬茶：顺着砖茶纹理撬茶，面茶、里茶各适量。图见前。

包茶：取7克左右青砖茶，装入食品级泡茶袋中装成茶包。

醒茶：将茶包放入公道杯中，注入50～100毫升沸水，让茶包完全浸没在水中，醒茶1～2分钟后，倒出第一次茶汤。

投茶：将醒好的茶包投入煮茶壶。

注水：按茶水比例1：100注入冷水，即7克茶注入700毫升水。

煮茶：熬煮 8 分钟左右，或茶汤颜色煮至橙红色或酒红色即可。

出汤：将壶中的茶汤倒入公道杯中。

分茶：将公道杯中的茶汤均匀斟入品茗杯中，以七分满为宜。

奉茶：将斟好的茶敬奉给客人。

品茶：先观汤色，再闻其香，随后品饮茶汤。

（李凤云 文字 郑姣 演示）

青砖茶品鉴

一杯青砖茶的味道，与其原料、茶梗比例、生产工艺有关，也与器皿、水及冲泡的方式有关。就细节而言，投茶、注水、茶水比例、水温、出汤时

间等诸多因素，也会影响茶的口味。品鉴青砖茶，主要有以下六个方面的标准：

1. 厚度

青砖茶的厚度，是一种很舒服的感觉。当茶汤滑进口腔，刺激味蕾，用舌尖搅拌茶汤，感受搅拌的力量和口腔被撞击的感觉，就会充分感受到它的饱满丰富，当然也可以理解为一种黏稠感。

厚度和茶汤浓度并不相同，厚是青砖茶质地的关系，茶汤在一定的强度，溶于水中物质成分较多时，在口感上就会比较浓厚稠密。

2. 滑度

滑度指的是青砖茶的"油润感"，类似喝鸡汤或米汤一样的感觉，通常很滑的茶，喝过后会有一种"留下了一层油"的感觉，这个需要和"没有苦涩味所以很容易咽下去"的感觉做区分。

其实滑度也是和茶汤的厚度有关系的，茶汤越醇厚，相应地滑度也会较为明显。茶汤进入口腔稍停片刻，通过喉咙流向胃部很圆润、很亲切、很自然的感觉，给品饮者的感触印象极强，而品质不好的茶汤就会有"锁喉"之感。

3. 润度

好的青砖茶入口时喉头得以滋润，立即解除干涸之感。资深的品茗高手，极其重视喉润的特色，这个润度对于青砖茶来说是必需的。

冲了三四泡之后的茶汤，喉咙清爽滋润，嘴巴不干不燥，咽下去之后整个肚子是温暖舒适的，这就是青砖茶润度的体现。

4. 甜度

甜度算是品鉴青砖茶最简单、最直观的一个方面，好的青砖茶在茶汤还未入口之时就能闻到甜香，此外，青砖茶几乎没有苦涩味，因此甜度也更加明显。

茶汤入口之后与舌面接触就能很快感受到甜度，并且会在口腔里蔓延，绵长持久。

5. 纯度

纯度是青砖茶发酵工艺精湛与否的重要指标，发酵的环境是否卫生、方法是否正确、发酵程度是否合适、储存环境是否理想都可以从茶汤的纯度来考量。

纯度好的茶汤喝起来是非常干净舒服的，即使是不偏好青砖茶的茶友品饮时也不会觉得难以接受。如果喝起来有异味，说明在制作的过程中卫生条件不达标，或者是后期存放的时候被污染了。

6. 香气

不同的原料和拼配方式会带来不同的香气，这也是青砖茶的魅力之一。渥堆工艺会使得新茶有一些渥堆味，这是不可避免的，不过纯熟的工艺和严格的生产流程会在一定程度上降低这种气味，并且在两三年的转化后会褪去，展现出更饱满圆润的滋味。

陈香是青砖茶最基础的香气，若存储得当，经过五年以上转化的青砖茶会进一步升华，呈现出更加丰富的香气，如药香、枣香、陈香、木香等。

（痴茶）

伍 青砖茶复兴

百年传承：从羊楼洞到赵李桥

辉煌了200多年的羊楼洞茶市，历经辛亥革命、俄国十月革命、抗日战争、解放战争，其砖茶的生产和贸易几经沉浮。令人惊叹的是，不管历经多少风雨沧桑和时代变迁，羊楼洞百年砖茶的工艺和品牌，奇迹般地留下了历史传承。

民国时期砖茶在赵李桥装车（陈启华摄）

由大盛魁“三玉川”和渠家“长裕川”茶庄压制的青砖茶，最初都压印有“川”字牌号标记，它在蒙古族牧民中享有很高的信誉。所以羊楼洞的二百多家茶庄，纷纷把压制砖茶的模具“川”字作为标记，同时也被看作是国产“洞庄”的标记，一直沿用至今。

清代“川”字牌砖茶模板

（现收藏于赤壁博物馆）

俄国学者阿·马·波兹德涅耶夫在他的《蒙古及蒙古人》中记述：“呼和浩特的商业中，自古以来最主要的项目就是茶叶，而茶叶之中又以砖茶，尤其是二十四块一箱的砖茶为主。这种茶叶几乎总是专门供给当地的汉族居民和土默特居民用的。奇怪的是，在归化城和归化城周围地区，除了这种二十四块一箱的砖茶，可以说从来就不饮用其他的茶叶，再富有的商人和牧民也都不喝白毫茶和花茶，而只喝这种砖茶。由于这种风俗习惯，就在最多不过十年以前，这种砖茶在归化城的销售量竟达四万箱。”

有据可查的“川”字记载，是在1900年《湖北商务报》[第41期]上刊登的《本省商情 茶市杂记》曰：“羊楼洞之茶今岁不能获利，子茶多半不做，有西帮某号所做之‘川’字三百余箱，由羊楼洞雇船来汉，途中遇风遭覆，茶虽如数捞起，而水浸不堪，昨已抵埠，换箱再做，恐难得善价。（五月汉报）”

据《武汉市志·前志补遗·茶叶贸易》记载：“1917年俄国十月革命后，俄国在汉口的各洋行砖茶厂停办，使得汉口输往俄国的茶叶大减，以汉口出口为主的砖茶贸易受到一定影响，被俄商占领的那部分市场又回到了华商的手中，除原有民族资本所办的砖茶企业外，山西工商人士还在羊楼洞创办了义兴、聚兴顺等两家砖茶厂，最高年产量曾达四万至六万担。”

截至1936年，羊楼洞具有一定规模的茶庄恢复到16家，其中山西商人有5家，它们是义兴、聚兴顺、兴隆茂、长玉川、昌生。5家一年总共也只能压砖茶二万箱，其余全部是包茶庄（收购毛茶），而且规模都很小。

1938年秋，随着武汉的沦陷，日本侵略者的铁蹄也踏进了羊楼洞，烧毁了大量的街道和茶庄。日本人将仅存的义兴、聚兴顺砖茶庄强行并入“武汉制茶株式会社”，两家茶庄的性质，也就由民族资本变成了日伪资本。

1946年春，义兴、聚兴顺砖茶庄由湖北民生茶叶公司接收，更名为鄂南砖茶厂，并恢复羊楼洞茶叶改良场。湖北农业银行也在羊楼洞办起了复兴茶庄，抗日战争前早已消失的“天源茂”也悄悄地恢复了当年的牌号。

1949年7月中旬，蒲圻解放的两个月后，中南军政委员会将羊楼洞仅存的鄂南砖茶厂、复兴茶厂、义兴茶庄、聚兴顺茶庄、天源茂茶庄进行接收，成立了“华中茶叶公司羊楼洞砖茶厂”，后更名为“中国茶业公司羊楼洞砖茶厂”。1953年，自羊楼洞迁至赵李桥，并将咸宁柏墩及汉口等地的茶庄合并，更名为“中国茶业公司赵李桥茶厂”。据《茶业通史》记载：“新中国成立后，青砖茶和米砖茶都集中在湖北赤壁的赵李桥茶厂大量生产，以满足边销的需要。”1993年以湖北省赵李桥茶厂为主要起草单位，起草了米砖茶和青砖茶的国家标准；同年“川”字牌砖茶被授予“中华老字号”称号。

20世纪80年代末，湖北省赵李桥茶厂重新对外开放，迎来的第一批俄罗斯商人带来的采购清单上，列着“川”字牌砖茶。英国老牌茶叶公司——川宁公司为庆祝成立200周年，派人不远万里来到中国，向赵李桥茶厂定制了凤凰米砖。这里生产的青砖茶和红砖茶正继续源源不断地销往我国内蒙古、新疆、甘肃、青海、宁夏等漠北地区，同时外销欧美、日本、韩国等20多个国家。

（冯晓光）

世界品牌百年铸造

在清末民初，蒲圻青砖茶以其奇特的工艺独树一帜，大放异彩，多次在国内外赛会（博览会）中荣获大奖。

1909年的武汉劝业奖进会是在张之洞现代化思潮影响下，主办的中国最早的、较为正规的地方商品博览会。中国农业科学院农业技术史研究室的朱自振教授在《中国茶叶最早博览奖》（1998年《茶业通报》第3期）中披露：1909年的武汉劝业奖进会上，蒲圻参展的商品名称直接标明的是“贡茶砖”。在这次武汉劝业奖进会上，兴商的茶砖获得一等奖，羊楼洞长盛川的茶砖获得三等奖。

兴商砖茶公司原为羊楼洞兴商茶庄，1906年由广东商人、买办唐朗山将其搬迁到汉口玉带门，但羊楼洞茶区仍然是兴商砖茶公司的主要原料基地，羊楼洞也仍然保留其生产砖茶的工厂。长盛川在羊楼洞也有着悠久历史，在户部督堂杨于宣统元年（1909）十一月十五日颁给长盛川的褒奖状上，还有“本号向在羊楼洞采办各色茶砖有年，中外驰名，今岁武汉赛会得赏银牌褒奖状，请认此票为证”的获奖说明。

蒲圻茶砖在1910年的南洋博览会上，也是非常火的产品。据鲍永安主编的《南洋劝业会文汇》（上海交通大学出版社出版）披露：“砖茶制法，当时列入了南洋劝业会分类商品纲目。湖北馆陈列的主要特色产品也是兴商公司之砖茶。”

《民国夏口县志·实业志》，也记录了汉口的民族工商业参加南洋赛会的获奖情况："得到'一等赤金牌奖'者有四家，是美粹学社的绣字、彩霞公司的绣画、肇兴公司的新式绸缎和兴商公司的茶砖。"更重要的是，《民国夏口县志》还记载兴商茶砖获得了1915年巴拿马万国博览会大奖。2010年7月15日《长江日报》刊登的《在汉口》一文中记载："1906年，广东客商唐寿勋创设机器制茶厂，因质量优良而享誉中外，远销俄国，并在1915年的巴拿马万国博览会上获金奖牌。"

砖茶商标

对于巴拿马万国博览会，当时的北洋政府非常重视，专门成立了“筹备巴拿马赛会事务局”这个机构。据1914年《中华实业丛报》的报道，筹备巴拿马赛会事务局曾召开了“研究茶叶出品研讨会议”，并形成了一个会议纪要。该纪要提出：“羊楼洞制茶往往于蒸（压）茶时不待水干即行销售于市，或以伪品混合致失茶之真味，此次赛会务须征集干洁出品。”足以可见官府对羊楼洞砖茶制造的关注和重视。

曾任中国茶叶流通协会秘书长的中国著名茶叶专家吴锡端，发布过一组陈列在国外博物馆的兴商老砖茶图片，并披露：“这是由汉口兴商砖茶公司监制，获得1910年在南京举办的南洋劝业会大奖，获得1915年巴拿马万国博览会大奖，还获得在俄罗斯举办的博览会大奖。”

在1929年的西湖博览会上，湖北参展及获奖商品虽然不是很多，但久为盛名的兴商茶砖还是获得了一等奖。这在1931年出版的《西湖博览会总报告书》中也有记载。1936年南京秋季国货展览会上，大名鼎鼎的汉口兴商茶砖与冠生园罐头和糖果、洞庭碧螺春茶叶一同陈列在第三、四展馆两室，琳琅满目，目不暇接。

新中国成立后，赤壁青砖茶得以长足发展，获得了一大批荣誉，见证了新的辉煌。1993年，国家颁布的标准就紧压茶、青砖茶等砖茶标准由湖北省赵李桥茶厂代为制订。国家质量监督检验检疫总局发布2011年第93号公告，“羊楼洞砖茶（洞茶）”为国家地理标志保护产品。赵李桥茶厂获得商务部授予的“中国老字号”牌匾，老字号“川”字牌青砖茶为全国茶叶行业中的领头雁，该厂先后获得“全国民族团结进步模范单位”“全国民族团结进步先进集体”光荣称号。“赵李桥砖茶制作技艺”被列入国家非物质文化遗产保护名录。2014年6月12日，“赤壁市羊楼洞砖茶文化系统”被列入中国重要农业文化遗产行列。

2014年6月23日，国务委员杨洁篪携羊楼洞茶业股份有限公司（以下简称羊楼洞茶业公司）参加长江上游地区与俄罗斯伏尔加河沿岸联邦区领导人座谈会，羊楼洞茶业公司以“和”为主题的青砖茶作为外交国礼，由国务委员杨洁篪赠送给俄罗斯总统全权代表巴比奇。2016年3月，羊楼洞茶业公司应邀前往泰国参加“地坛文化庙会全球行——曼谷之旅”，泰国诗琳通公主接受了羊楼洞茶业公司赠送的赤壁青砖茶。“赤壁青砖茶”品牌荣获百年世博中国名茶金奖，“羊楼洞老青茶”荣获百年世博中国名茶金骆驼奖。

2018年7月12日，外交部、湖北省政府在外交部南楼举行湖北全球推介活动，活动主题为“新时代的中国：湖北，从长江走向世界”。在文化遗产展区的展台上，湖北省赵李桥茶厂不同时期的4块砖茶及模板一字排开，吸引了来自各国外交大使们的注意。这些砖茶的生产年份从1910年到1981年不等，见证了赵李桥茶厂的砖茶生产和贸易历史。

2018年11月，国家知识产权局商标局批复，“赤壁青砖茶CHIBIQINGZHUANCHA”商标被认定为中国驰名商标。

2018年11月18日，赤壁乾泰恒兄弟茶业有限公司的20吨青砖茶装车发货，销往俄罗斯。2019年8月28日，该公司被定为第七届世界军人运动会黑茶类独家供应商。

（冯晓光）

贡茶有青砖

争创名茶，是市场经济下的竞争法则，能够推动茶产业的迅速发展。贡茶是古代朝廷用茶，专供皇宫享用，是封建社会君主对地方有效统治的一种维系象征，是封建礼制的需要，也表明该产品能作为贡茶的档次和品位。

赤壁历史上盛产名茶。《湖北茶史简述》记载：“南北朝时期，西阳、武昌、晋陵，皆出好茗，巴东别有真香茗。”当时的武昌郡，包括现今赤壁。

从程启坤、姚国坤著的《论唐代茶区与名茶》中，可以得知：早在唐代，隶属于鄂州的蒲圻不仅是重要产茶区，而且其主产的“鄂州团黄”已成为全国名茶。

美国作家威廉·乌克斯写于20世纪初的《茶叶全书》记载：“唐朝（618—907）时，茶树已经遍布四川、湖北、湖南、河南、浙江、江苏、江西、福建、广东、安徽、山西、贵州等地，其中湖北、湖南的茶叶以品质优良而著名。因此，这两个地区所产的茶叶均被当作贡品。”

民国时期砖茶包装纸

相传蒲圻的松峰绿茶自明代起就是上

贡朝廷的御茶。清乾隆年间，蒲圻上贡朝廷的茶叶开始改用青砖茶，所以蒲圻青砖茶也有“贡茶砖”之称。在1909年的武汉劝业奖进会上，蒲圻参展的商品名称直接标明的是“贡茶砖”。

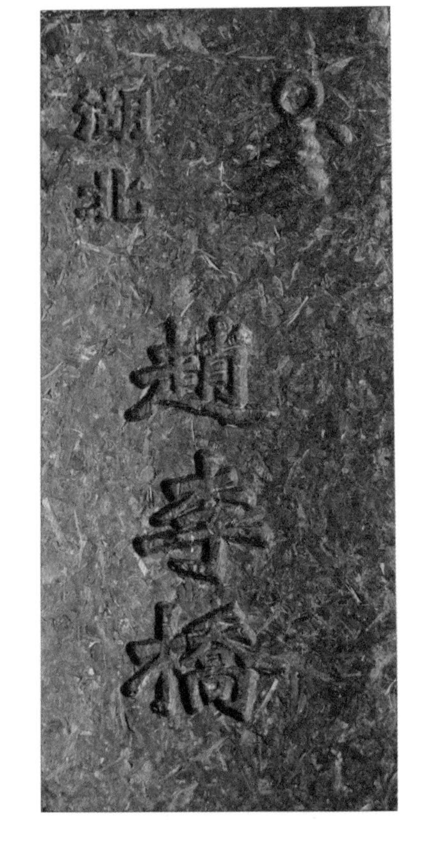

何新华著的《清代贡物制度研究》（社会科学文献出版社出版）中披露：各省官员例贡中，两湖地区的端阳贡中就有砖茶一箱，湖广总督的贡品也是砖茶五箱。就当时来说，湖广地区的砖茶产地只有蒲圻的羊楼洞茶区。

故宫博物院宫廷部的刘宝建女士曾经负责故宫生活类文物的清理工作，她告诉我们，清宫遗留文物中，仍然有部分砖茶被收藏。

青砖茶作为稀有贡品，也通常被朝廷用作对外国使团的赏赐品。乾隆五十八年（1793）八月二十九日，清廷于太和门颁给敕书，英国正使、副使、副使之子、总兵官、副总兵官，通事、管兵四人，代笔、医生等官九人，约二十名成员，其赏赐物品里均各有砖茶两块。

（冯晓光）

打造赤壁青砖茶的新边疆

羊楼洞茶业有句广告词很有名：“沉淀即品味”。常言道：它山之石，可以攻玉。哪块石头不是造山运动千百年沉淀的产物？然而找寻可以“攻玉”的石头，也非易事。于是，我们常常需要从历史的沉积矿里，提炼自己需要的东西。

1820年，第一支现代意义上的纸烟在美国被研制出来，从此开启了全球男人烟、酒、茶“桃源三结义”的新征程。同年，英国人在印度北部的阿萨姆地区（雅鲁藏布江上游河谷）试种茶树并大获成功。五十年后的1870年成为世界茶叶历史长河中的一个转折之年：这一年，英国从印度进口的茶叶首次超过从大清帝国进口的茶叶。

印度沦为英国殖民地后，其版图反而暴风骤雨般地得以扩张。大吉岭，自古以来就是尼泊尔不可分割的一部分，1849年因战败而割让给英国统治的印度。继而因出产优质红茶而闻名，新贵族的出现，意味着旧贵族的终结。那段时期中国红茶望风披靡，直到祁门红茶横空出世，才挽回昔日风徽，祁门红茶至今仍为世界三大高香红茶之一。

当代中国的百年老字号，其出身全部是相似的，如同仁堂、茅台酒、赤壁青砖茶等。新中国成立后，私营企业要么在改造中转型，要么在改造中消亡。茅台酒厂与赵李桥茶厂均由多家旧厂合并而成。在计划经济时代，这些“新国企”也是相似的。市场经济则如齐湣王单打独斗，于是青砖茶一路落

败，却为今天的发展留下了巨量空间。

英国人不生产茶叶，他们只销售茶叶。回看我们自己，哪个茶园满足于生产原料？有多少茶园就有多少茶厂，有多少茶厂就有多少品牌，结局是无一家茶企做大。青砖茶的一个独到之处，在于突破了原料困境：任何茶叶都可作为原料为青砖茶所用。

东方人尚静，西方人尚动。西方人不但喝酒要“加冰加水任意调制”，喝茶也是如此，并催生了一个词“拼配茶”。因此，青砖茶务必保持定力、把牢本色，不能自己提前把青砖茶给“拼配”了。青砖茶的涩与苦，未必不是一个好味道。世上鲜花千万种，有人可能就偏爱这一种。

时势造英雄，也造产品。如今社会对食品安全的关注，正是中国从“富起来”到“强起来”的反馈。解决青砖茶与消费者的信任问题，是一个时不我待的瓶颈。只有信任，才有消费。都说那“江山易改、秉性难易”，遇到健康问题，一切皆可移，这是时代的风口，它叫“以健康的名义”。有吹走的，也有吹来的，青砖茶又一次被吹到风口：它天然为健康而生。青砖茶自出生之日起，就属于“粗茶淡饭”这样的低脂低糖低热产品。常饮青砖茶，健康你我他。

“粗茶淡饭，一日三餐”，是古人心中极简生活的配置，殊不知这都来之不易。宋太祖赵匡胤“不准杀士大夫及上书言事者”的基本国策，实现了宋代的全面繁荣。藉此对平民百姓的进餐管制才有所松动，“一日三餐”也才成为中国人的“新生活”。感恩前人筚路蓝缕用鸡公车推出了万里茶道，

今天更感谢那推着赤壁青砖茶砥砺前行的每一个追梦人。

很多东西如青砖茶，也面临一个“第一次”的问题，即如何让人第一次喝青砖茶。只有开口喝了，接下来的演变才可能发生。而且相对于散茶，青砖茶不能简单地“一泡了之”，这也是青砖茶拒人于千里之外的原因之一。解决这个“第一次”，才是青砖茶推广的症结之所在。

2012年以前，赤壁当地人也不大喝青砖茶；但是之后，许多人放下绿茶，喝起了青砖茶，大街上经销青砖茶的店铺也一夜之间多了起来。光“自己人”“赤壁人”喝还不行，必须有更多的新人、外人加到喝青砖茶的队伍中来。喝的人多了，青砖茶才可能发展起来。

现代纸烟最初攻城略地时，曾使出一个大招：无限制免费发放。这一方法后被各行各业广为仿效。配合2019年“一带一路”国际茶文化论坛的举

办，可将其拿来运用到青砖茶上：在赤壁高铁站、长途汽车站、火车站候车室的醒目处，设点供应青砖茶水。长期坚持，使其成为赤壁一景和旅客记忆，让往来赤壁的人，都会在候车时品饮或捎走一杯青砖茶。

（孙老四　苏文）

赤壁青砖茶的七十二变

1861年，世界上第一块机制青砖茶在羊楼洞问世，成为中国砖茶之鼻祖。

在接下来的100多年里，随着商队的足迹，它将茶香溢满中俄“万里茶道”，并成为边疆牧民必不可少的生活物资，那时的青砖茶不愁销路。

改革开放后，边疆牧民的生活发生了天翻地覆的变化，他们的一日三餐能吃上新鲜果蔬，对青砖茶降脂去油腻的功效依赖渐减；加之市场放开后，诸多茶品牌一一涌入，赤壁青砖茶的地位逐渐被人们所遗忘。

近年来，面对新的市场需求，赤壁茶产业整装再出发，在提升茶叶品质的同时，积极对接“一带一路”沿线市场。在2018粤港澳大湾区（珠海）国际茶业博览会暨第六届中国赤壁青砖茶交易会上，10家赤壁茶企共举“赤壁青砖茶”公共品牌，携200多款产品现场演绎“七十二变”。

● 变思路，从固守“边销”到香飘四海

湖北省赵李桥茶厂是一家中华老字号企业，其砖茶制作技艺被列为国家级非物质文化遗产。计划经济时代，赵李桥茶厂旗下“川”字牌在内蒙古一家独大。边疆牧民不识汉字，凭手摸青砖茶表面三道“川”字凹痕，来辨别茶叶真伪、优劣。

“用茶厂老一辈人的话说，就是坐在家里等订单。”赵李桥茶厂副总经

理金莉说。老茶厂改制后，由于未跟上市场的脚步，曾经历一段下滑震荡期，不仅工人的工资发不出来，不少技术骨干也纷纷流失。

2015年9月，湖北省茶业集团股份有限公司成为赵李桥茶厂第一大股东，资金和管理人才的注入，让老字号茶厂焕发出新的生命力。

技术方面，茶厂对老设备进行更新换代，在承袭传统的同时，研发出适用于年轻市场的“七泡茶”等创新产品，打破了青砖茶“边销茶”的传统定位和单一的口感。

外宾品饮青砖茶

营销方面，实行现代渠道和传统渠道相结合，成立销售团队主动对接青岛、济南、成都、上海等地市场，不仅实现了在传统边销市场开发出增量市场的突破，还让赵李桥“川”字茶专卖店花开全国26个省份。

赵李桥茶厂的创新谋变，只是诸多赤壁青砖茶企业的一个缩影。随着国家“一带一路”倡议的提出，赤壁茶企在做边销、内销市场的同时，还将目光投向了海外。以乾泰恒茶业、羊楼洞茶业为代表的几家青砖茶企业，先后与俄罗斯、马来西亚等20多个国家和地区开展了合作交流。

● 变外形，从一块青砖到遇水即化

在第六届中国赤壁青砖茶交易会的展区现场，面对琳琅满目的赤壁袋泡茶、茶膏、沱茶、巧克力茶、颗粒茶、笔画茶等各种形状和包装的砖茶产品，中国茶叶流通协会会长王庆大吃一惊地说道："真没想到，这些砖茶竟然能做成这种样子！"王庆还自称是老青砖派，非常喜欢喝赤壁青砖茶。

很多资深茶人对中国六大茶类如数家珍，对各款中国名茶的历史过往知之甚详，在他们的传统认识中，青砖茶是全世界紧压程度最强的黑茶，利于存储，但饮用却不方便。2018年，某知名电视栏目到赤壁取景，为赤壁青砖茶做专题宣传。主持人现场示范，用锤子砸、用刀切……，十分形象地再现了现实生活中人们初见青砖茶，却不知如何下手的苦恼情境。

如今可不一样了。为加快推动青砖茶大众化饮用，赤壁青砖茶企业以开发"功能化、便捷化、时尚化、多元化"的产品为目标，大量研发出适宜宾馆酒店、办公接待、居家生活饮用的袋泡茶、巧克力砖等系列产品。这些便携茶品中，体形及饮用方式变化最大的，要数湖北思贝林生物科技有限公司生产的一款具有养生保健功效的青砖茶。该公司副总经理徐斌现场为大家演示：拆开简洁大方外包装盒，由锡纸包裹住的青砖茶像一块块小麻将整齐地码放在内，撕开后丢在开水里，很快就像方糖一样全部溶解。这款茶闻起来中草药香明显，喝起来却像茶。适用于有养生需求的人群，可针对调理体湿、失眠等，且冲饮十分便捷。

整个交易会现场，赤壁青砖茶企业展出的便捷化砖茶产品达140余款，青砖茶不再是人们印象中厚厚的、黑黑的，难以撬动的一块砖。

针对喜欢收藏老青砖品饮的客人，不少茶企沿用传统砖面造型，并贴心地配了一款小巧精致的茶刀。沿着压制纹理轻轻一撬，就能从砖面取茶泡煮。

兴商茶业
興商
XING SHANG
道有源 茶兴商

变功能，从只能喝到可吃可装饰

在内蒙古等边疆地区，赤壁青砖茶被誉为“生命之茶”。赤壁市茶文化研究学者冯晓光介绍，青砖茶以老青茶为原料，其内含物质经发酵后，不仅可以有效地促进动物脂肪的分解，还能补充游牧民族所缺少的果蔬营养成分。

在交易会的现场，华南农业大学副教授陈文品为赤壁青砖茶做专场推荐，以试验数据详细解析了青砖茶降血糖、降血脂，平衡肠道菌群、调理肠胃等健康养生功效。

你以为赤壁茶业的创新，仅止于对砖茶外形、饮用方式及饮用功能的挖掘吗？在赤壁乾泰恒兄弟茶业有限公司，一面由茶砖所拼成的文化墙格外地吸引眼球。该公司的销售经理曹欣告诉我们，这面墙由一百多块青砖茶所拼成，纹理清晰，散发着淡淡的茶香；应用于居室装修，可以起到吸附异味，调节空气的作用。

在青砖茶文化墙的右侧，还摆放着该公司以青砖茶为原料所研制的精致茶点。茶点六种口味为一盒，有两款添加了纯天然的青砖茶茶粉等萃取物，淡淡的甜香之中，透出茶的芬芳，口感酥脆、甜度适宜。

赤壁乾泰恒兄弟茶业有限公司的大胆尝试，让赤壁青砖茶以另一种姿态融入人们的生活，也为产品赢得了广阔的市场。而今，“乾泰恒”品牌已成功入驻中国台湾、新加坡等地，并与俄罗斯ABC公司签下10年供销合同，走进2万家连锁超市。

变桥梁，从一种文化到跨界融合

“长的笔画，可以掰断，方便消费者调节口味浓淡。将笔画组合起来，可以拼成自己想要的汉字。”在赵李桥茶厂的新产品展示区，一款中国汉字笔画造型的青砖茶吸引了不少茶客驻足。

近年来，网络文创产品大行其道。故宫博物院文创馆以故宫国宝为元素所推出的6个色号口红，几乎刷遍朋友圈，不少年轻女性争相抢购。可见传统并不意味着过时，时尚产品与传统文化若结合恰当，也能俘获大批当代青年。

赵李桥茶厂推出的这款“川—字在”品牌文化茶，就是茶业界的文创典范。据该品牌创意者、深圳市字在文化负责人刘美松介绍，“字在”品牌一直在研究用中国的汉字做创意产品，将汉字笔画与茶相结合，是一个颠覆性的创新。这款茶是2018年得奖最多的一款产品，已荣获“2017中国创新设计红星奖”“2018德国iF设计奖”“2018中国设计智造大奖”等9项国内外大奖，在淘宝一个月卖了600多万元。

在赤壁青砖茶展区，还有一家特别的茶企，这里展示的主打产品是茶旅游线路，几款文创茶礼倒成了陪衬。依托古镇历史建筑群、万亩茶园等景点，赤壁市引进中国500强企业卓尔集团，斥资23亿元打造“世界茶业第一古镇”，成为茶旅融合的绝佳范本。

卓尔文旅万亩茶园俄罗斯方块小镇运营管理负责人肖琦说，集团在赤壁投资的文化旅游项目的初衷，是以国家“一带一路”倡议为契机，把万里茶道的起点和终点有机地融合，让国人能够不出远门，就体验到俄罗斯风情。

目前，卓尔集团已将羊楼洞明清古街上的30余个茶叶老商号收购，待重新装修复原后，即可再现羊楼洞明清时期的繁荣景象。下一步，还将在万亩茶园修一条500米的跑道，让游客能体验坐着飞机俯瞰茶园美景。

穷则思，思则变，变则通，通则灵。赤壁青砖茶现场演绎的种种风情，引得粤港澳大湾区300多家采购商与赤壁茶企开展合作洽谈，现场签订购销合同3 000余万元。未来，赤壁青砖茶定能给世界创造出更多“百变”惊喜。

（陈婧　张仰强　童金健）

青砖茶赋咏

洞茶

我16岁时在西藏海拔5 000米的高原当兵。司务长分发营养品，给我一块黑糊糊的粗糙物件，说，这是茶砖！

那东西一不小心掉到雪地上，边缘破损色黑如炭，衬得格外凄惶。

我没有捡，弯腰太费体力。老医生看到了，心疼地说：关键时刻砖茶能救你命呢。

我说，它根本不像见棱见角的砖，更不像青翠欲滴的茶。

老医生说，不能从茶的颜色来判定茶的价值，就像不能从人的外表诊断病情。它叫青砖茶，是用茶树的老叶子压制而成，加以发酵，所以颜色黢黑。它的茶碱含量很高，在高原，茶碱可以兴奋呼吸系统。如果出现强烈的高原反应，喝一杯这茶，可缓解症状。它是高原之宝。

没到过酷寒国境线上的人，难以想象砖茶给予边防军的激励。高原上的水，不到70度就迫不及待地开锅了，无法泡出茶中的有效成分。我们只有把茶饼掰碎，放在搪瓷缸里，灌上用雪化成的水，煨在炉火边久久地熬煮，如同煎制古老的药方。渐渐，一抹米白色的蒸汽袅袅升起，抖动着，如同披满香氛的纱。缸子中的水渐渐红了，渐渐黑了……平原青翠植物的精魂，在这冰冷的高原，以另外一种神秘的形式复活。

慢慢喝茶上瘾，便很计较每月发放砖茶的数量。司务长的手指就是秤杆，他从硕大的茶砖上掰下一片，就是你应得的分量。碰上某块特别硬，司务长会拿出寒光闪闪的枪刺，用力戳下一块。某月领完营养品，我端详这分到手的砖茶，委屈地说，司务长，你克扣了我。

当司务长的，最怕这一指控。愤然道，小鬼你可要说清楚，我哪里克扣了你？

我说，有人用手指抠走了我的茶。你看，他还留下两道深痕。

司务长说，哈！只留下了两道痕，算你好运。应该是三道痕的。那不是被人抠走的，是厂子用机器压下的商标，这茶叫“川”字牌。

我说，茶厂机器压过的沟痕，是不是所用茶叶就比较少啊？

司务长说，分量上应该并不少，可能压的比较瓷实，你多煮一会儿就是了。

我追问，这茶是哪里出的啊？

司务长说，“川”字牌，当然是四川的啊。万里迢迢运到咱这里，外面包的土黄纸都磨掉了，只有这茶叶上的字，像一个攀山的人，手抠住崖边往下滑溜又不甘心时留下的痕迹。

从此我与这砖茶朝夕相伴，它灼痛了我的舌，温暖了我的胃，安慰了我的心，润泽了我的脑，是我无声的知己。11年后我离开高原回到北京，却再也找不到我那有三道沟痕标记的朋友。我丢失了它，遍找北京的茶庄也不见它踪影。好像它变成我在高原缺氧时的一个幻影，与我悄然永诀。

此后30余年，我品过千姿百媚的天下名茶，用过林林总总的精美茶具，见过古乐升平的饮茶仪礼，却总充满若即若离的迷惘困惑。茶不能大口喝吗？茶不能沸水煮吗？茶不能放在铁皮缸子里煎吗？茶不能放盐巴吗？茶不

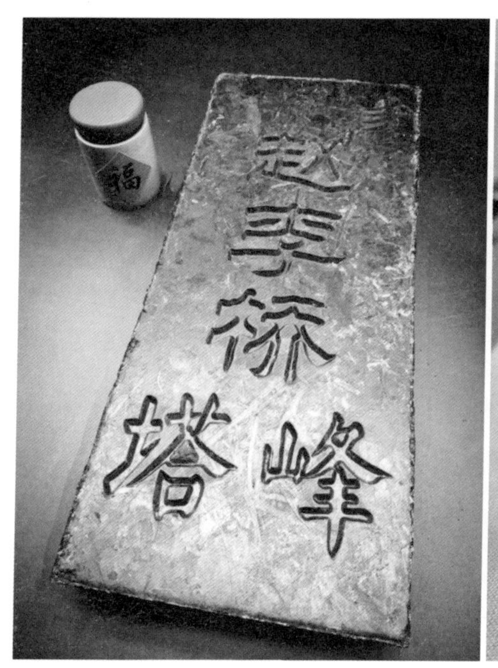

能仰天长啸后一饮而尽吗？！

我不喜欢茶的矜持和贵族，我不喜欢茶的繁文缛节。我不喜欢茶的一掷千金，我不喜欢茶的等级与身份。我不喜欢茶对于早春的病态嗜好，我不喜欢饮茶者故作高深的奢靡排场。

我出差到了四川，满怀希望地买了一块茶砖，以为将要和老友重逢。喝下却依稀只有微薄的近似，全然失却了当年的韵味。我绝望了——舌头老了，警醒甘凛的砖茶味道，和我残酷的青春搅缠在一起，埋葬于藏北重重冰雪之下，不再复返。

今年，我在湖北赤壁终于见到了老朋友。赤壁市古称蒲圻，有个老镇羊楼洞。此地土地肥沃气候适宜，遍植茶树。因地名羊楼洞，所产砖茶被称为“洞茶”。山上有三条清澈的天然泉水，三水合一，即为一个“川”字，成了砖茶的商标。早在宋景德年间，这里就开始了茶马互易。清咸丰年间，汉口还没有开埠，谷雨前后，茶商千里迢迢来羊楼洞镇收茶。所制砖茶远销内蒙古、新疆及俄国西伯利亚等地，享有盛誉。20世纪初期，铺着青石板的羊楼洞古街上，有茶厂30余家，年产砖茶30余万箱，天下闻名。

有了上次的教训，不敢贸然相认。砖茶沏好，出于礼貌，我轻浅地含了一口。

晴天霹雳，地动山摇！

所有的味蕾，像听到了军号，怦然怒放。口颊的每一丝神经，都惊喜地蹦跳。天啊，离散了几十年的老朋友，在此狭路相见相拥相抱。甘暖依然啊，温润如旧。在口中荡漾稍久，熟稔的感觉烟霞般升腾而起。好似人已迟暮，蓦然遭逢初恋挚友，执手相望。岁月无情，模样已大变，白发斑斑，步履蹒跚。但随着时间一秒秒推移，豆蔻年华的青春风貌，如老式照片在水盆中渐渐显影，越发清晰。随后复苏的是我的食道和胃囊，它们锣鼓喧天欢迎老友莅临。人的所有器官中，味觉是最古老的档案馆，精细地封存着所有生命原初的记忆。胃更堪称最顽固的守旧派，一往情深抵抗到底。这些体内的脏器无法言语，却从未有过片刻遗忘。它们以一种不可思议的稳定，保持着青春的精准与纯粹。

青山绿水的赤壁茶林，你可知道曾传递给边防军人多少温暖和力量！冰雪漫天时，呷一口洞茶徐徐咽下，强大而涩香的热流注满口颊，旋即携带奔涌的力量滑入将士的肺腑，输送到被风寒侵袭的四肢百骸。让戍边的人忆起遥远的平原，缤纷的花草，还有年迈的双亲和亲爱的妻女。他们疲惫的腰杆重新挺直，成为国境线上笔直的界桩。他们僵硬的手指重新有力，扣紧了面向危险的枪机。他们困乏的双脚重新矫健，巡逻在千万里庄严的国土之上。

我用当年方法，熬煮洞茶水洒向大地，对天而祭。司务长和老医生都因高原病早早仙逝，他们在天堂一定闻得到这质朴的香气，沉吟片刻后会说，是这个味道啊，好茶！

（毕淑敏）

品味青砖茶（二首）

一

南国烟峰采晚春，揉磨堆渥见憨真。

盏中汤色通红亮，胃里回甘养土神。

治学须交三哲友，喝茶要选五年陈。

一生最爱清平日，做个羊楼洞里人。

二

小乔煮茶夜生春，绝甘分少倍觉珍，

满瓯汤色堪执品，更有情怀到杳深。

（成君忆）

青砖茶

每一片叶都很轻
轻得可以停下一只蝴蝶和春天的翅膀
每一片都很重
重得可以承载中国赤壁
以及一个叫羊楼古镇的山水
每一块都很沧桑
沧桑得像老街的青砖瓦房
万里茶道从这里出发
每支马帮、每道车辙、每声铃铛
每句不同的语言
曾一次次唤醒早晨，震落夕阳
留下青砖茶故事一样的古老

无论冲泡还是煎煮
岁月，在沸腾中慢慢散开
那浓浓的茶香
一缕缕都有日月
一杯杯都是乾坤

一片片都在为你讲述
数百年来那些关于青砖茶
一代人和一片叶
以及如何以茶兴商的历史

世界很远
天之涯，地之角
世界很近
近得只有一块青砖茶的距离

（欧阳明）

青砖茶赋

东方树叶，百草之灵，鄂南嘉木，山中佳茗。根植岗丘黄壤，头顶碧韵青天，常沐水雾之润，凝聚日月之精。

青砖茶源羊楼洞，传奇流芳待补经。陆羽不知何处去，芙蓉山色为谁青。洪武皇帝赐威名，湖广总督贡朝廷。山重水复有茶路，行径万里疆无垠。

青茶半老，日晒夜烘，几经发酵，渥堆通风。蒸温柔入范，受重压成砖，干燥以定形，紧实而厚湛。久藏不变色，味淳有回甘。茶之青砖，如幕埠之坚毅，兼长江之古韵。岁月多沉淀，化渐有乾坤。

青砖之茶，古曰茶饼，又曰帽盒，始汉晋，盛唐宋，兴明清。榷茶历代，互市茶马，边地抚宁。出东西两口，行北塞漫道。寒地高原，西戎土

番，腥肉之食，非茶不消，青稞之热，非茶不解。生命之茶，百病皆瘥。蒙古硬通货币，藏疆雪域瑰宝。万里茶道，源起洞镇，连通中俄，延伸欧亚。承载中外贸易，延续开放基因，成就世纪动脉，见证商路辉煌。

赤壁大地，地灵人杰，唯有青砖，久负盛名。溯陆水长河，望历史沉浮，青砖有内涵，茶林之佳品。屹雪峰之巅，擂东风战鼓，展文化传承，厚积而薄发，铸百年鼎盛。

（冯晓光）

后记

2013年年初，沉寂多年的赤壁青砖茶再次踏上复兴之路。

当赤壁茶产业还在谋篇布局的时候，茶文化的气息已经漫遍大街小巷。秉承“产业发展，文化先行”的理念，赤壁市委宣传部会同赤壁市文体局和广播电视局开始组织专班，挖掘、梳理千年茶文化史料。冯晓光、姜洪、钱红平就是具体落实这项工作的三人小组成员。为了形成合力，赤壁茶文化爱好者创办了“赤壁茶文化研究院”（对外加挂“中国青米砖茶研究院”）。后期陆续成立了“赤壁万里茶道文化研究交流协会”和“赤壁陆羽茶文化研究会”等茶文化团体。

2013年8月，赤壁市委宣传部与赤壁茶文化研究院将初战告捷的成果进行汇编，联合出版了《万里茶路寻源——羊楼洞传奇》和《冬茶映像》两本茶文化史料。2014年，赤壁茶文化研究院骨干冯晓光、姜洪、唐小平、邓秀政等，参与湖北省社会科学院课题组，联合编写并由湖北人民出版社出版了《洞茶与中俄茶叶之路》一书。他们连续几年在中国有机农产品展销会暨中国青米砖茶交易会期间参与承办了大型“赤壁茶文化研讨会”活动。

赤壁茶文化的研究，从最初有组织牵头的集中行动，慢慢变成由茶文化爱好者主动作为、默默奉献的自觉行为。研究的主题，也由笼统的赤壁茶史变为“万里茶道源头羊楼洞”“赤壁青砖茶”“古瑶文化”“茶埠新店”等诸多课题。经过几年的努力，各项研究均成果斐然。

《品味青砖茶》对赤壁青砖茶的历史背景、地理环境、发展历程、社会影响、原料种植、生产工艺、功效分析、冲泡品饮等方面做了全方位的科普与解读，该书的编辑出版，应该说就是对“赤壁青砖茶”课题研究的成果检阅。

感谢中国工程院院士陈宗懋先生题写书名，感谢湖南农业大学教授刘仲华先生、全国政协委员周秉建女士倾情作序。

感谢中国国际茶文化研究会会长周国富先生、中国茶叶流通协会会长王庆先生、中国食品土畜进出口商会茶叶分会秘书长蔡军先生对赤壁青砖茶的厚爱和支持。

感谢中国台湾茶文化泰斗范增平先生、湖北茶文化泰斗欧阳勋先生为本书挥毫题词。

感谢中国国际茶文化研究会办公室主任戴学林先生、中国农业科学院茶叶研究所周莉女士对本书编辑工作给予的大力支持。

感谢汪孝文、戴富璆、皮君超、熊俊等摄影界朋友，以及一片叶茶艺学校老师和学员提供的照片。感谢唐歆对文字进行初校。感谢赤壁茶文化研究院、赤壁万里茶道文化研究交流协会各位同仁给予的帮助和指导。

书中部分老照片来自湖北省图书馆的中华民国报刊资料，还有几张图片来自艾美霞的《茶叶之路》，感谢图片的提供者。鉴于编者水平有限，本书难免还有不足，恳请读者批评指正。